建筑工人岗位培训教材

水 电 工

本书编审委员会　编写

刘国良　主编

中国建筑工业出版社

图书在版编目（CIP）数据

水电工/《水电工》编审委员会编写. —北京：中国
建筑工业出版社，2018.9
建筑工人岗位培训教材
ISBN 978-7-112-22631-3

Ⅰ.①水… Ⅱ.①水… Ⅲ.①水暖工-岗位培训-教
材 ②房屋建筑设备-电气设备-岗位培训-教材 Ⅳ.①
TU821 ②TU85

中国版本图书馆 CIP 数据核字（2018）第 200847 号

　　本教材是建筑工人岗位培训教材之一。结合现行标准，对水
电工初级工、中级工和高级工应知应会的内容进行了详细讲解，
具有科学、规范、简明、实用的特点。
　　本教材分上下篇。上篇为水工，主要内容包括：建筑给水排
水基础知识和识图，建筑室内给水排水材料和设备，水工安全操
作规程，给水排水施工质量通病及预防，给水管道安装，排水管
道安装，给水排水施工成品保护，习题。下篇为电工，主要内容
包括：电气基础知识和识图，电气安装工具和测量工具，常用电
气安装材料，电工安全操作规程，电气安装质量通病及预防，电
气施工放线，配电箱、柜安装，布管和布线，电缆敷设，开关、
插座和底盒安装，灯具安装，习题。
　　本教材适用于水电工职业技能培训，也可供相关职业院校实
践教学使用。

　　　　责任编辑：高延伟　李　明　葛又畅
　　　　责任校对：张　颖

建筑工人岗位培训教材
水　电　工
本书编审委员会　编写
刘国良　主编

*

中国建筑工业出版社出版、发行（北京海淀三里河路 9 号）
各地新华书店、建筑书店经销
北京佳捷真科技发展有限公司制版
北京建筑工业印刷厂印刷

*

开本：850×1168 毫米　1/32　印张：6½　字数：172 千字
2018 年 11 月第一版　　2018 年 11 月第一次印刷
定价：**20.00 元**
ISBN 978-7-112-22631-3
（32755）

建筑工人岗位培训教材
编审委员会

主　任：沈元勤

副主任：高延伟

委　员：(按姓氏笔画为序)

<table>
<tr><td>王云昌</td><td>王文琪</td><td>王东升</td><td>王宇旻</td><td>王继承</td></tr>
<tr><td>史　方</td><td>仝茂祥</td><td>达　兰</td><td>危道军</td><td>刘　忠</td></tr>
<tr><td>刘长龙</td><td>刘国良</td><td>刘晓东</td><td>江东波</td><td>杜　军</td></tr>
<tr><td>杜绍堂</td><td>李　志</td><td>李学文</td><td>李建武</td><td>李建新</td></tr>
<tr><td>李斌汉</td><td>杨　帆</td><td>杨　博</td><td>杨　雄</td><td>吴　军</td></tr>
<tr><td>宋喜玲</td><td>张永光</td><td>陈泽攀</td><td>周　鸿</td><td>周啟永</td></tr>
<tr><td>郝华文</td><td>胡本国</td><td>胡先林</td><td>钟汉华</td><td>宫毓敏</td></tr>
<tr><td>高　峰</td><td>郭　星</td><td>郭卫平</td><td>彭　梅</td><td>蒋　卫</td></tr>
<tr><td>路　凯</td><td></td><td></td><td></td><td></td></tr>
</table>

出　版　说　明

国家历来高度重视产业工人队伍建设，特别是党的十八大以来，为了适应产业结构转型升级，大力弘扬劳模精神和工匠精神，根据劳动者不同就业阶段特点，不断加强职业素质培养工作。为贯彻落实国务院印发的《关于推行终身职业技能培训制度的意见》（国发〔2018〕11号），住房和城乡建设部《关于加强建筑工人职业培训工作的指导意见》（建人〔2015〕43号），住房和城乡建设部颁发的《建筑工程施工职业技能标准》、《建筑工程安装职业技能标准》、《建筑装饰装修职业技能标准》等一系列职业技能标准，以规范、促进工人职业技能培训工作。本书编审委员会以《职业技能标准》为依据，组织全国相关专家编写了《建筑工人岗位培训教材》系列教材。

依据《职业技能标准》要求，职业技能等级由高到低分为：五级、四级、三级、二级、一级，分别对应初级工、中级工、高级工、技师、高级技师。本套教材内容覆盖了五级、四级、三级（初级、中级、高级）工人应掌握的知识和技能。二级、一级（技师、高级技师）工人培训可参考使用。

本系列教材内容以够用为度，贴近工程实践，重点突出了对操作技能的训练，力求做到文字通俗易懂、图文并茂。本套教材可供建筑工人开展职业技能培训使用，也可供相关职业院校实践教学使用。

为不断提高本套教材的编写质量，我们期待广大读者在使用后提出宝贵意见和建议，以便我们不断改进。

本书编审委员会

2018 年 6 月

前　言

党的十九大报告提出要"建设知识型、技能型、创新型劳动者大军，弘扬劳模精神和工匠精神，营造劳动光荣的社会风尚和精益求精的敬业风气"。在 2017 年 9 月印发的《中共中央 国务院关于开展质量提升行动的指导意见》中，提出了健全质量人才教育培养体系，加强人才梯队建设，完善技术技能人才培养培训工作体系，培育众多"中国工匠"等要求。弘扬工匠精神，培育大国工匠，是实施质量强国战略的需要。国务院办公厅《关于促进建筑业持续健康发展的意见》（国办发〔2017〕19 号）中也提出了"加强工程现场建筑工人的教育培训。健全建筑业职业技能标准体系，全面实施建筑业技术工人职业技能鉴定制度"和"大力弘扬工匠精神，培养高素质建筑工人"要求。

按照住房城乡建设部《关于加强建筑工人职业培训工作的指导意见》（建人〔2015〕43 号）等文件要求，为实现"到 2020 年，实现全行业建筑工人全员培训、持证上岗"的目标，按照住建部有关部门要求，由中国建设教育协会继续教育委员会会同江苏省住房和城乡建设厅执业资格考试与注册中心等组织国内行业知名企业专家、高级技师和院校学者、老师以及一线具有丰富工程施工操作经验人员，根据现行标准的具体规定，共同编写这本建筑工人岗位培训教材。

本书以实现全面提高建设领域职工队伍整体素质，加快培养具有熟练操作技能的技术工人，尤其是加快提高建筑工人职业技能水平，保证建筑工程质量和安全，促进广大建筑工人就业为目标，以建筑工人必须掌握的"基层理论知识"、"安全生产知识"、"现场施工操作技能知识"等为核心进行编制，本书系统、全面、技术新、内容实用，文字通俗易懂，语言生动简洁，辅以大量直观的图表，非常适合不同层次水平、不同年龄的建筑工人在职业技能培训和实际施工操作中应用。

本书由刘国良主编，中建安装南京公司秦培红、北京市金龙腾装饰股份有限公司孙喜顺为副主编，东亚装饰股份有限公司李兆龙，苏州金螳螂建筑装饰股份有限公司杜磊堂、李斌、徐胜，中建安装南京公司高增孝，浙江银建装饰工程有限公司叶友希，深圳瑞和建筑装饰股份有限公司魏惠强，江苏华特建筑装饰股份有限公司毛桂余，苏州迈普工具有限公司（开普路 KAPRO）闫寒光参与编写。

限于编者水平，虽经多次审校，书中错误与不当之处在所难免，敬请广大同仁与读者不吝指正，在此谨表谢忱！

目　录

上篇　水工

一、建筑给水排水基础知识和识图 ·············· 2

（一）建筑室内给水系统的分类 ·········· 2

（二）建筑室内给水系统组成 ·········· 4

（三）给水方式 ··············· 6

（四）管道工程识图基础知识 ··········· 10

二、建筑室内给水排水材料和设备 ·············· 21

（一）建筑室内给水工程常用材料和设备 ········ 21

（二）建筑室内排水工程常用材料和设备 ······· 31

三、水工安全操作规程 ··············· 41

（一）安全生产通用要求 ············ 41

（二）用电安全 ·············· 42

（三）操作平台安全措施 ············ 43

（四）应急措施及常识 ············· 44

四、给水排水施工质量通病及预防 ··········· 45

（一）给水管道敷设工艺要求及常见问题 ······· 45

（二）排水管道敷设工艺要求及常见问题 ······· 52

（三）卫生器具安装工艺要求及常见问题 ······· 57

五、给水管道安装 ················ 62

（一）室内给水管道放线与布置 ········· 62

（二）室内给水管道敷设与阀门附件安装 ······· 63

（三）给水管道施工 ············· 66

六、排水管道安装 ······· 91
　　（一）排水管道的布置与敷设 ······· 91
　　（二）卫生洁具安装及水封 ······· 93
七、给水排水施工成品保护 ······· 97
　　（一）给水施工成品保护 ······· 97
　　（二）排水施工成品保护 ······· 98
习题 ······· 99

下篇　电工

八、电气基础知识和识图 ······· 110
　　（一）装饰电路基础知识 ······· 110
　　（二）装饰电气图的识读 ······· 119
九、电气安装工具和测量工具 ······· 122
　　（一）电工手持和电动工具 ······· 122
　　（二）常用电气安装测量仪表和工具 ······· 125
十、常用电气安装材料 ······· 137
十一、电工安全操作规程 ······· 143
　　（一）电气工作人员的培训与考核 ······· 143
　　（二）停送电联系 ······· 143
　　（三）临时线路的安装使用 ······· 144
　　（四）电气安全用具的管理 ······· 145
　　（五）电气事故处理 ······· 145
　　（六）安全标识 ······· 146
　　（七）电力线路 ······· 147
　　（八）供电系统电气装置的安装与验收 ······· 148
十二、电气安装质量通病及预防 ······· 149
　　（一）金属管道安装缺陷 ······· 149
　　（二）金属线管接地线安装和防腐处理缺陷 ······· 149
　　（三）管内穿线缺陷 ······· 149
　　（四）接地装置施工质量通病 ······· 150

（五）电气照明装置安装质量通病 ·············· 150

（六）吊式荧灯群安装缺陷 ·················· 151

（七）开关、插座安装质量通病 ·············· 152

十三、电气施工放线 ·························· 153

十四、配电箱、柜安装 ························ 156

（一）安装流程 ···························· 156

（二）安装技术措施 ························ 158

（三）质量标准 ···························· 158

十五、布管和布线 ···························· 162

（一）管路敷设施工 ························ 162

（二）管内穿线绝缘导线安装 ·············· 164

（三）质量标准 ···························· 170

十六、电缆敷设 ······························ 171

（一）施工准备 ···························· 171

（二）电缆沿支架、桥架敷设 ·············· 172

（三）挂标识牌 ···························· 173

（四）质量标准 ···························· 174

（五）成品保护 ···························· 175

十七、开关、插座和底盒安装 ·················· 176

（一）施工准备 ···························· 176

（二）操作工艺 ···························· 176

（三）安装开关、插座 ······················ 177

（四）质量标准 ···························· 178

（五）成品保护 ···························· 179

（六）应注意的质量问题 ···················· 180

（七）应具备的质量记录 ···················· 180

十八、灯具安装 ······························ 181

（一）施工准备 ···························· 181

（二）操作工艺 ···························· 181

（三）质量标准 ···························· 184

（四）成品保护 ·································· 184

（五）应注意的质量问题 ···················· 184

（六）质量记录 ······························· 185

习题 ·· 186

参考文献 ··· 194

上 篇

水 工

一、建筑给水排水基础知识和识图

（一）建筑室内给水系统的分类

根据用户对水质、水量、水压和水温的要求，室内给水系统按用途基本上可分三类：

1. 生活给水系统

生活给水系统是供民用、公共建筑和工业企业建筑内的饮用、烹调、盥洗、洗涤、淋浴等生活上的用水（图 1-1）。要求水质必须严格符合国家规定《生活饮用水卫生标准》GB 5749—2006。

供给人们在日常生活中使用的给水系统，按供水水质又分为生活饮用水系统、直饮水系统和杂用水系统。生活饮用水系统包括饮用、盥洗、洗涤、沐浴、烹饪等生活用水，直饮水系统是供人们直接饮用的纯净水、矿泉水、蒸馏水等，杂用水系统包括冲洗便器、浇灌绿化、冲洗汽车或浇洒道路等。

生活给水系统包括供民用住宅、公共建筑以及工业企业建筑内饮用、烹调、盥洗、洗涤、淋浴等生活用水。根据用水需求的不同，生活给水系统又可再分为：饮用水（优质饮水）系统、杂用水系统、建筑中水系统。

2. 生产给水系统

因各种生产的工艺不同，生产给水系统种类繁多，主要用于以下几方面：生产设备的冷却、原料和产品的洗涤、锅炉用水及某些工业的原料用水等。生产用水对水质、水量、水压以及安全方面的要求由于工艺不同，差异是很大的，应满足生产工艺的要求，根据生产设备和工艺要求来定。生产用的水可以重复循环使用，目前对生产给水的定义范围有所扩大，城市自来水公司将带

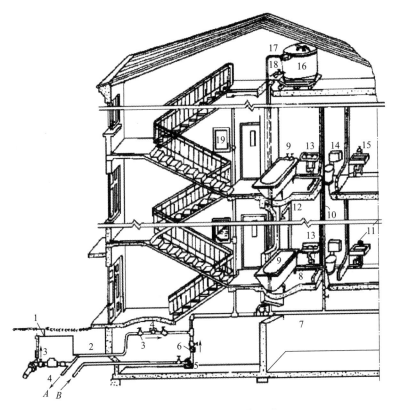

图 1-1　建筑室内给水系统组成

1—阀门井；2—引入管；3—闸阀；4—水表；5—水泵；6—逆止阀；7—干管；
8—支管；9—浴盆；10—立管；11—水龙头；12—淋浴器；13—洗脸盆；14—大
便器；15—洗涤盆；16—水箱；17—进水管；18—出水管；19—消火栓；
A—入贮水池；B—来自贮水池

有经营性质的商业用水也称作生产用水。

生产给水系统也可以再划分为：循环给水系统、复用水给水系统、软化水给水系统、纯水给水系统等。

3. 消防给水系统

消防给水系统是供给层数较多的民用建筑、大型公共建筑及某些生产车间的消防系统的消防设备用水。消防用水对水质没有要求，但必须按建筑防火规范保证有足够的水量和水压。

供给消防设施的给水系统称为消防给水系统。它包括消火栓给水系统和自动喷水灭火给水系统。该系统的作用是灭火和控火，即扑灭火灾和控制火灾蔓延。

消防给水系统供民用建筑、公共建筑以及工业企业建筑中的各种消防设备的用水。一般高层住宅、大型公共建筑、工厂车间、仓库等都需要设消防供水系统。

（二）建筑室内给水系统组成

1. 引入管

室外给水管网与室内给水管网之间的联络管。

2. 水表节点

水表节点是指引入管上装设的水表及其前后设置的闸门、泄水装置的总称。

闸门：关闭管网，以便修理和拆换水表。

泄水阀：检修时放空管网，检测水表精度，测进户点压力。

旁通管：因断水可能影响生产生活的建筑，不允许断水的建筑物如只有一条引入管时，应绕水表装旁通管，以提高安全供水的可靠性。

水表：螺翼式水表、旋翼式水表、干式水表、湿式水表、智能水表。

水表的安装要求：安装在便于检修和读数，不受暴晒、不结冻、不受污染及机械损伤的地方。为使水流平稳，计量准确，水表前后应有符合产品要求的直线管段（图 1-2）。螺翼式水表前应有 8~10 倍公称直径的直线段；旋翼式水表前后应有 300mm 直线段；智能水表安装时，应注意水表下游管道出水口高于水表 0.5m 以上，以防水表因管道内水流不足而引发计量不正确。

3. 管道

管材的选择应考虑管内水质、压力、敷设场所及敷设方式。

图 1-2　水表安装实物图

（1）埋地管材，应具有耐腐蚀性和承受地面荷载的能力。

（2）室内给水管道应采用耐腐蚀和安装连接方便的管材。

（3）室外明敷管道不宜采用铝塑复合管、给水塑料管。

（4）当环境温度大于 60℃ 或因热源辐射使管壁温度高于 60℃ 的环境中，不得采用 PVC-U 管。

（5）当采用塑料管材时，系统压力不大于 0.6MPa，水温不超过管材的规定。

（6）给水泵房内管道宜采用法兰连接的衬塑钢管或涂塑钢管及配件。

4. 附件

（1）配水附件：各式龙头。

（2）调节附件：截止阀、闸板阀、蝶阀、止回阀。

（3）截止阀：水流单向流动；管径不大于 75mm；需要调节流量、水压；需要经常启闭的管段上宜采用截止阀。

（4）闸板阀、蝶阀：水流需双向流动；管径大于 50mm。空间小的部位宜采用蝶阀。

（5）止回阀：阻止管道中水的反向流动。旋启式止回阀——设置在水平、垂直管道，阀前水压小时采用，启闭迅速易引起水锤，不宜在压力大的管道上采用；升降式止回阀——靠上下游压差值使阀盘启动，水流阻力大，宜用于小管径的水平管道上。

5. 升压和贮水设备

室外给水管网的水压或流量经常或间断不足，不能满足室内或建筑小区内给水要求时，应设加压和流量调节装置，如贮水箱、水泵装置、气压给水装置。

（三）给水方式

1. 直接给水方式（图 1-3）

适用范围：室外管网压力、水量在一天的时间内均能满足室内用水需要，$H_0 > H$。

特点：

①系统简单，安装维护方便，充分利用室外管网压力；②建筑内部无贮水设备，供水的安全程度受室外供水管网制约。

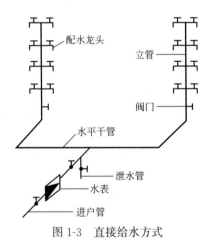

图 1-3　直接给水方式

2. 单设水箱给水方式

适用范围：室外管网水压周期性不足，一天内大部分时间能满足需要，仅在用水高峰时，由于水量的增加，而使市政管网压力降低，不能保证建筑上层的用水时（图 1-4）。

特点：①节能；②无须设管理人员；③减轻市政管网高峰负

荷（众多屋顶水箱，总容量很大，起到调节作用）；④水箱水质易污染。

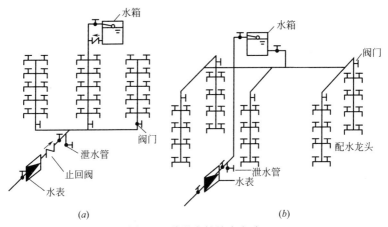

图 1-4　单设水箱给水方式

（a）直接给水方式；（b）水箱给水方式

3. 水泵水箱联合给水

适用范围：室外管网压力低或经常不足，且室内用水又不均匀的建筑（图 1-5）。

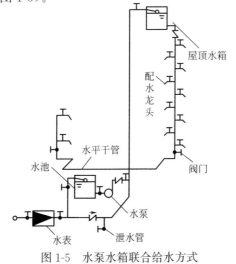

图 1-5　水泵水箱联合给水方式

特点：水泵及时向水箱充水，使水箱可用容积减小，又由于水箱的调节作用，使水泵工作状态稳定，可以使其在高效率下工作，同时由于水箱的调节，可以延时供水，供水压力稳定，可以在水箱上设置液位继电器，使水泵启闭自动化。

4. 变频调速泵给水（图 1-6）

原理：通过变频调节水泵的转速，从而改变水泵的流量、扬程和功率，使出水量适应用水量的变化，并使水泵变流量供水时保持高效运行。

优点：①高效节能；②设备占地面积小，不设高位水箱，减少了结构负荷，节省水箱占地面积，避免了水质的二次污染。

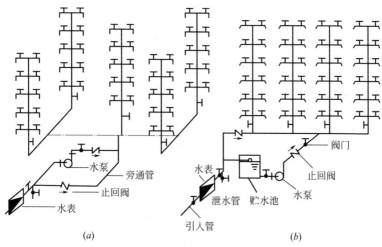

图 1-6　变频调速泵给水方式
（a）直接给水方式；（b）水箱给水方式

5. 分区给水方式（图 1-7）

适用条件：多层建筑中，室外给水管网能提供一定的水压，满足建筑下几层用水要求，且下几层用水量较大。

6. 气压给水方式

适用条件：室外给水管网供水压力低或经常不能满足建筑内

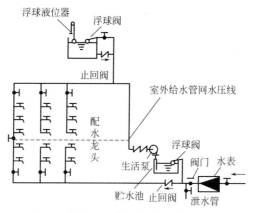

图 1-7　分区给水方式

给水管网所需水压，室内用水不均匀，不宜设高位水箱的建筑
（图 1-8）。

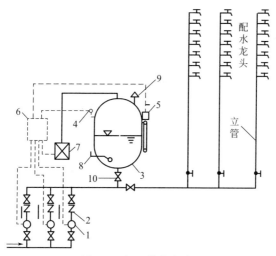

图 1-8　气压给水方式

1—水泵；2—止水阀；3—气压水；4—压力信号；5—液位信号；6—控制；
7—补气装置；8—气阀；9—安全阀；10—阀门

（四）管道工程识图基础知识

1. 管道组成

建筑给水管道一般由下列各部分组成（图1-9）。

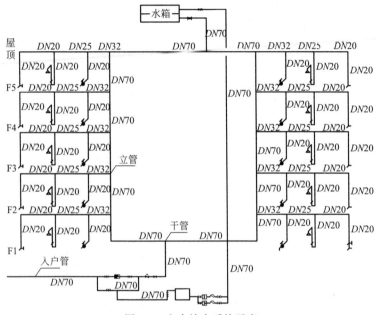

图1-9 室内给水系统示意

（1）卫生器具或生产设备受水器

（2）排水管系

卫生器具排水管；横支管；立管；总干管；出户管。

（3）通气管系

1）通气管系作用

① 向排水管内补给空气，水流畅通，减小气压变化幅度，防止水封破坏。

② 排出臭气和有害气体。

③ 使管内有新鲜空气流动，减少废气对管道的锈蚀。

2）通气管形式

① 伸顶通气

离出屋面 0.3m，且大于积雪厚。

管径：北方，比立管大一号；南方，比立管小一号。

② 专用通气管（管径比最底层立管管径小一级）

当立管设计流量大于临界流量时设置，且每隔两层与立管相同。

③ 结合通气管（不小于所连接的较小一根立管管径）

10 层以上的建筑每隔 6～8 层设结合通气管，连续排水立管及通气管。

④ 环形通气管

横支管连接 6 个以上的便器，横支管连接 4 个以上的卫生器具且管道长度大于 12m 时设置。

⑤ 安全通气管

横支管连接卫生器具较多且管线较长时设置。

⑥ 卫生器具通气管

卫生标准及控制噪声要求高的排水系统。

（4）清通设备

检查口：立管上，距地面 1.0m，隔 10m 设置，顶、底层设置。

清扫口：横管，隔一定间距清通用。

（5）抽升系统

一些高层民用和公共建筑的地下室，以及地下人防工程、工业建筑内部标高低于室外地坪的车间和其他用水设备的房间的排水管道，当污水难以利用自流排至室外时，就需要设置污水抽升设备增压排水。排水工程常用的抽升设备是污水泵。

2. 管道工程图中常用表示方法及识图

（1）管道工程图例

建筑给水排水工程图主要包括管道平面布置图、管道系统轴测图、安装详图、图例及施工说明等。

建筑给水排水施工图中常用的图例见表 1-1～表 1-5。在给水排水施工图中，许多的器具和设备都是用图例来表达的。对于标准产品，需在图例中注明标准详图的图号或者产品规格。

管道连接图例 表 1-1

图例	名称	图例	名称
 立面检查口	立面检查口	 平面 系统	圆形地漏
 透气帽	透气帽	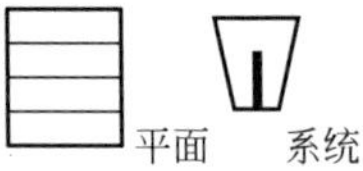 平面 系统	方形地漏
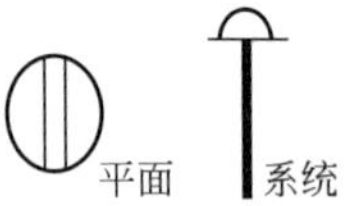 平面 系统	雨水斗	 吸气阀	吸气阀
 平面 系统	排水漏斗	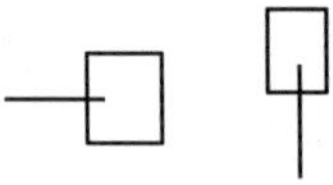 自动冲洗水箱	自动冲洗水箱

管道图例 表 1-2

图例	名称	图例	名称
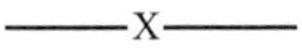 ——X——	管道	 多孔管	多孔管
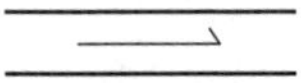 排水明沟	排水明沟	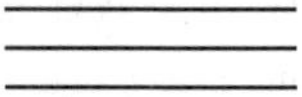 地沟管	地沟管
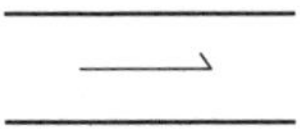 排水暗沟	排水暗沟	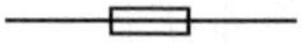 防护套管	防护套管
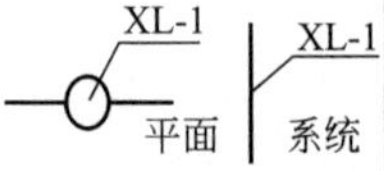 XL-1 XL-1 平面 系统	管道立管		

图例	名称	图例	名称
▮▮ 双口 ▮▮ 单口	雨水口		浮球阀
─○─ ─□─	阀门井 检查井	─▷◁─	球阀
▶	水表井		存水弯
⊘	水表	─▷◁─	闸阀
┐ ┌	浴盆排水配件		角阀

图例	名称	图例	名称
	立式洗脸盆		妇女卫生盆
	台式洗脸盆		立式小便器
	浴盆		壁挂式小便器
	洗涤池		蹲式大便器
	带沥水板洗涤盆		坐式大便器
	盥洗槽		小便槽
	污水池		淋浴喷头

图例	名称
——J————J——	冷水管道
———— RJ ————	热水管道
———— RH————	热回水管道
——W————W——	污水管道
——F————F— —	废水管道
——Y————Y——	雨水管道
——T————T——	透气管道
——X————X——	消防管道

（2）建筑给水管道平面布置图的内容

比例和线型：

建筑给水管道平面图的比例，可以采用与房屋建筑平面图相同的比例，一般为1∶100的比例来绘制。如果卫生设备或管线布置比较复杂的房间，用1∶100的比例不能够表达清楚时，可用较大一些的比例如1∶50来作图。

管道平面图中重点突出给水排水的管道布置和卫生设备，这些内容要用粗实线绘制；房屋建筑只是一个辅助内容，所以房屋的平面图用细实线绘制。

（3）管道平面图的数量和图示范围

由于底层室内管道与户外管道相连，底层管道平面图要求单独绘制一个。

各个楼层的管道平面图一般要求分层绘制，并且不必将整个楼层全部画出，只画出与用水设备和管道布置有关的房屋平面图。

但图中必须注明各楼层的层次和标高，及墙、柱的定位轴线和轴线尺寸。对于大型或者高层建筑物，在底层管道平面图上，还应画出"指北针"来表示朝向。

（4）卫生器具及用水设备的平面布置图

各种卫生器具和用水设备，都按照比例用图例表示。

（5）管道的平面布置

管道是建筑给水排水平面布置图的主要内容，一般用单线条的粗实线表示。

底层平面布置图上应画出与室外相连的管道的位置，并应画出引入管、干管、立管、支管和配水龙头。立管在平面图上用小圆圈表示，立管的数量多于一个时，应加以编号，编号如图 1-10 所示。

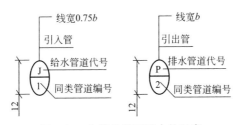

图 1-10　立管在平面图中的示意

（6）建筑给水管道平面图的画图步骤

1）先绘制底层给水管道平面图，再绘制各楼层的给水管道平面图。

2）在绘制每一层给水管道平面图时，先绘制房屋建筑平面图以及卫生器具平面图，再绘制给水管道平面布置图。

3）在绘制给水管道平面布置图时，一般先绘立管，再绘给水引入管，最后按水流方向绘出各干管、支管和各种附件。

4）绘出必要的图例，标注有关尺寸、标高、编号和文字说明等。

3. 建筑给水管道轴测图

（1）建筑给水管道轴测图的比例一般与管道平面布置图的比例相同，采用 1∶100 的比例，有时也可以采用 1∶50 的比例绘制。

（2）建筑给水的轴测图一般采用的是正面斜等轴测投影图。

（3）轴测图中的管道都用单线条来表示，其图例和线型都与平面布置图中的相同。

（4）在绘制管道的轴测投影图时，当空间成交叉的管路在轴测投影图中两根管道重影时，应判断其前后及上下的可见性。

（5）对于卫生器具和管道布置完全相同的楼层，可以只画一个有代表性的楼层的所有管道的轴测投影图，而其他的楼层的管道可以省略不画。如图1-11所示。

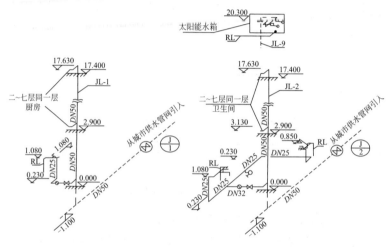

图1-11　建筑给水管道轴测图

（6）给水管道轴测图中应该标注管径和标高。

（7）建筑给水管道轴测投影图的画图步骤

1）确定轴测投影轴的位置。

2）从引入管开始，画出系统的立管，确定出楼层的地面线、屋面线。

3）根据标高绘制水平干管，水平干管一般应该与 OX 轴、OY 轴平行，其长度可从平面图中量取。

4）确定各支管的高度，并根据各支管的轴向，画出与立管相连的支管。

5）画出各个用水设备的图例符号。

6）标注各个管道的直径和标高。

（8）建筑排水工程

1）排水系统的组成（图 1-12）

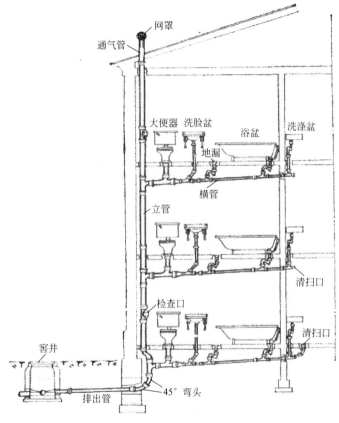

图 1-12　建筑排水系统的组成

2）室内排水管的布置与敷设

① 排水管布置的特点

a. 常含有大量的悬浮物及纤维类，或大块其他杂质，易阻塞管道。

b. 排水管一般比较粗大，同时排出的水温度相对较低，夏天，有时外管会产生凝露水。

② 排水管布置一般原则

a. 力求简短。

b. 减少拐弯，以免阻塞。

c. 不能穿越卧室、客厅、贮藏柜，物品堆放处的上方，不能穿越炉灶上方，避免漏水损坏物品。

d. 不穿过烟道，以免引起管道腐蚀。

e. 不穿越沉降缝、伸缩缝、重载地段，以免损坏管道。

f. 不穿越冰冻地段，避免管道发生冻裂。

③ 室内排水管的布置与敷设

a. 设备排水管，应设置水封管（S、P 形）。

b. 排水横支管，是设备排水管与立管的连管。

c. 排水立管，设在排水量最大，含杂质最多的排水设备附近（如住宅中大便器附近）。

d. 排水横干管与排出管。

e. 通气管。

f. 管径的一般规定：

一般排水设备的排水横管及立管直径不小于 50mm；小便池排水管，含油脂的排水管直径不小于 75mm；大便池后排水管直径不小于 100mm。

（9）建筑排水管道平面布置图的内容

1）比例和线型

建筑排水管道平面图的比例与建筑给水和房屋建筑平面图的比例相同，一般按 1：100 的比例来绘制。

每条水平排水管道通常用单线条粗虚线表示。底层平面布置图应画出室外窨井、排出管、横干管、立管、横支管及卫生器具排水泄水口，其中立管用粗点圆表示。

2）排水管道平面图中管道的表示

为了便于看图，各种管道需按照系统分别予以标记和编号。排水管以窨井连接的每一排出管为一系统。

（10）建筑排水管道轴测图

排水管道轴测图表达其空间连接和布置情况。如图 1-13 所示。

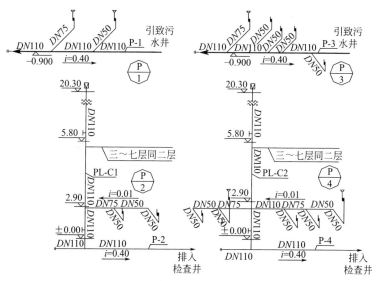

图 1-13　建筑排水管道的轴测图

1）建筑排水管道轴测图的图示与给水管道轴测图基本上是一样的。所采用的比例也基本一致。

2）建筑排水管道轴测图中的管道用粗实线表示。

3）在建筑排水管道轴测图上应标注与平面布置图中的"索引符号"的代号与编号相对应的"详图符号"。

4）建筑排水管道轴测图只需绘制管路及存水弯，卫生器具及用水设备可不必画出。

5）建筑排水系统中各种不同类型卫生器具的存水弯及连接管，都需分别标出其公称直径。同一排水横支管上的各个相同类型卫生器具的连接管，只需标出一个管径就可以了。不同管径的横支管、立管、排出管等都需逐段分别标注。

6）建筑排水横管都应该向立管方向具有一定的坡度，并应该标注坡度的大小。

7）建筑排水管道应该标注标高。

8）建筑排水管道轴测图的画图步骤：

① 轴向选择与建筑给水轴测图是一致的。从排出管开始，再画水平横干管，最后画立管。

② 确定立管上的各个地面、楼面和屋面的标高。

③ 根据设备的安装高度及管道的坡度确定横支管的位置。

④ 绘制建筑排水设备附件的图例符号。

⑤ 绘制各种墙、梁的断面符号。

⑥ 标注管道的管径、坡度、标高、编号及必要的文字说明。

4. 注意事项

管道施工前应先了解建筑物的结构和平立面构成，熟悉给水排水工程的设计图纸和施工方案及与土建工程的配合措施，有的还要参照土建施工图、装饰施工图及其他专业图纸，敷设管道时应结合图纸及卫生器具的规格型号，确定甩口的坐标及标高，严格控制甩口误差。

图纸上不懂的、有疑问的要问设计人员或甲方给水排水施工管理人员、监理，要办好图纸交底记录，与现场或其他专业有矛盾的要办好变更洽商记录，再按图施工。

二、建筑室内给水排水材料和设备

（一）建筑室内给水工程常用材料和设备

1. 建筑室内给水工程常用的管材

在建筑给水系统常用的管材可以分为三大类：金属管材、非金属管材和复合管材。

（1）金属管材

1）焊接钢管

焊接钢管俗称水煤气管，又称为低压流体输送管或有缝钢管，通常用 Q215/Q235A、B 级钢板分块卷制焊接制成，壁厚 4～16mm。具有强度高、耐压耐振、重量较轻、长度较大等优点，但耐腐蚀性差。根据表面是否镀锌可分为镀锌钢管（白铁管）和非镀锌钢管（黑铁管）。镀锌钢管不可采用焊接，一般采用螺纹连接，管径较大时采用法兰连接。按壁厚不同又可分为薄壁、普通和加厚钢管三种，普通焊接钢管可承受工作压力为 1.0MPa，加厚焊接钢管可承受工作压力为 1.6MPa，室内给水管道通常用普通钢管和加厚钢管。

焊接钢管规格一般采用公称直径"DN"表示，接口可用焊接、法兰连接或螺纹接口。在建筑工程中常用于室内给水、消防水等。

2）无缝钢管

无缝钢管按制造方法分为热轧管和冷拔（冷轧）管。无缝钢管常用优质低碳钢或低合金钢制造而成，性能比焊接制管优越，但价格比较昂贵。冷拔管受加工条件限制，不宜制造大直径管，其最大公称直径为 200mm（管道外径 219mm）。其强度虽高但不稳定；热轧管可制造大直径管，其最大公称直径可达 600mm（管道外径 630mm）；工程中管径在 57mm 以内时，常选用冷拔管，管径超过 57mm 时，常选用热轧管。无缝钢管主要用于用于热水工程和采暖工程中，接口一般采用焊接或法兰连接。

（2）非金属管材

1）PP-R 管（无规共聚聚丙烯管）

PP-R 管（无规共聚聚丙烯管）作为一种新型的管材，除具有一般塑料管特点外，还具有重量轻、耐腐蚀、卫生安全、无毒、耐热、耐压、水流阻力小、安装方便等特点，和传统金属管相比，使用 PP-R 管可免去使用镀锌钢管所造成的内壁结垢、生锈而引起的水质"二次污染"。最高工作温度可达 95℃，长期使用温度一般可达 70℃。在使用温度为 70℃，工作压力为 1.2MPa 条件下，长期连续使用，寿命可达 50 年以上。

近年来 PP-R 管作为传统的镀锌钢管的代替品，得到广泛应用，发展很快，已经成为应用最为广泛的建筑室内给水管材。

PP-R 管规格用公称外径（dn）×公称壁厚（e）表示，接口采用热熔连接，适用于室内给水管道。

2）PB 管材（聚丁烯）是一种高分子惰性聚合物，它具有很高的耐温性、持久性、化学稳定性和可塑性，无味、无毒、无嗅，温度适用范围是−300～+1000℃，具有耐寒、耐热、耐压、不生锈、不腐蚀、不结垢、寿命长（可达 50～100 年）且耐老化特点。聚丁烯（PB）管材在流体输送系统，尤其是建筑内的热水输送系统领域开辟了广阔的用武之地，是当今世界上最先进的自来水管、热水和暖气排管之一，接口采用热熔、电热熔连接。

（3）复合管材

1）铝塑复合管是中间层采用焊接铝管（铝管可以是搭接焊或对接焊），外层和内层采用中密度或高密度聚乙烯塑料或交联高密度聚乙烯，经热熔胶合而复合成的一种管材，兼有金属管和塑料管的优点，且消除了各自的缺点，适用于工业与民用建筑中系统工作压力小于等于 1.0MPa、工作温度小于等于 95℃的工作环境。设计使用年限为 50 年。

铝塑管规格用公称外径（de）×公称壁厚（e）表示，铝塑复合管与管件之间宜采用卡套式连接。主要用于冷热水供应管道、饮用水管道。

2）钢塑复合管，产品以无缝钢管、焊接钢管为基管，内壁涂装防腐、食品级卫生型的聚乙烯。钢，是一种铁质材料；塑，是指塑料，钢塑复合管中的塑料一般是高密度聚乙烯（HDPE）。

钢塑复合管有很多种分类，可根据管材的结构分类为：钢带增强钢塑复合管，无缝钢管增强钢塑复合管，孔网钢带钢塑复合管以及钢丝网骨架钢塑复合管。目前，应用最多的是钢带增强钢塑复合管，也就是通常所说的钢塑复合压力管，这种管材中间层为高碳钢带通过卷曲成型对接焊接而成的钢带层，内外层均为高密度聚乙烯（HDPE）。因管材中间层为钢带，所以管材承压性能非常好，不同于铝带，承压不高，管材最大口径只能做到 63mm，钢塑管的最大口径可以做到 200mm，甚至更大；由于管材中间层的钢带是密闭的，所以这种钢塑管同时具有阻氧作用，可直接用于直饮水工程，而其内外层又是塑料材质，具有非常好的耐腐蚀性。建筑中常用于生活和消防给水系统。

2. 建筑室内给水工程常用管件及连接方式

管道配件是连接管道与管道、管道与设备等之间的部件，是管道的重要组成部分，在管道中起连接、分支、转向、变径等作用。管道配件有直线段、非直线段、分叉管段、变径管段和连接配件 5 种。因其连接作用的不同，所以构造和外形也各不相同。

（1）金属螺纹连接管件（图 2-1）

金属螺纹连接管件的材质要求密实坚固并有韧性，便于机械切削加工。管件的内螺纹应端正、整齐、无断丝，壁厚均匀一致、无砂眼，外形规整。金属螺纹连接管件主要由可锻铸铁、黄铜或软钢制造而成。

1）管道延长连接用配件：管箍、外丝（内接头）。

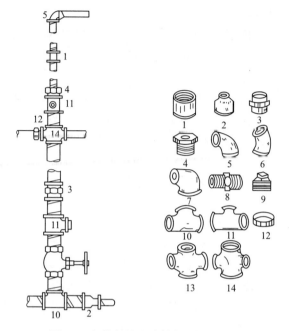

图 2-1　钢管螺纹连接管件和连接方法

1—管箍；2—异径管箍；3—活接头；4—补心；5—90°弯头；6—45°弯
头；7—异径弯头；8—内管箍；9—管塞；10—等径三通；
11—异径三通；12—螺母；13—等径四通；14—异径四通

2）管道分支连接用配件：三通（丁字管）、四通（十字管）。

3）管道转弯用配件：90°弯头、45°弯头。

4）节点碰头连接用配件：根母（六方内丝）、活接头（由
任）、带螺纹法兰盘。

5）管道变径用配件：补心（内外丝）、异径管箍（大小头）。

6）管道堵口用配件：丝堵、管堵头。

（2）非金属管件（图 2-2）

1）塑料管管件

塑料管管件主要用于塑料管道的连接，各种功能和形式与前
述各种管件相同。但由于连接方式不同，塑料管管件可大致分为

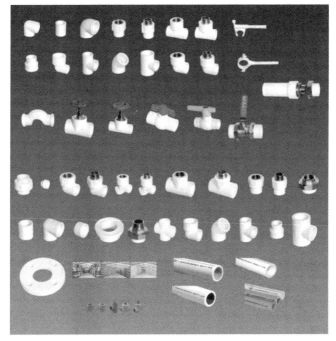

图 2-2　非金属管件

熔接、承插连接、粘接和螺纹连接四种。熔接一般用于 PP-R 给水及采暖管道的连接；承插连接多用于排水用陶土及水泥管道连接；粘接一般用于排水用 PVC-U 管道的连接；螺纹连接管件一般用于 PE 给水管道的连接，一般在内部有金属嵌件。

2）挤压头连接管件

这种管件内一般都设有卡环，管道插入管件内部后，通过拧紧管件上的紧固圈，将卡环顶进管道与管件内的空隙中，起到密封和紧固作用。一般用在铝塑复合管道的连接。

（3）给水管道的连接方式（图 2-3）

1）螺纹连接

螺纹连接又称为丝扣连接，是通过管端加工的外螺纹和管件内螺纹将管道与管道、管道与设备等紧密连接。适用于公称直径

（或标称直径）DN 小于等于 100mm 的镀锌钢管，以及较小管径、较低压力焊接钢管、硬聚氯乙烯塑料管的连接和带螺纹阀门及设备接管的连接。

2）粘接

粘接是在管道端口涂抹粘合胶，将两根管道粘接在一起的连接。粘接施工简单，加工速度快，广泛应用在塑料管道中。

3）热熔连接

热熔连接是通过热熔机将塑料管道端口迅速加热连接的一种形式，具有性能稳定、质量可靠、操作简便等优点，但需专用设备。管道连接形式表示如图 2-3 所示。

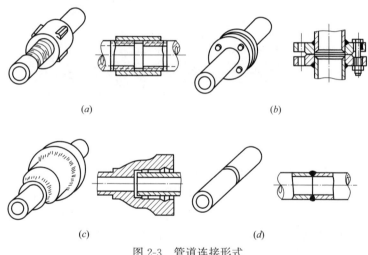

(a)　　　　　　　　　　　　　　　(b)

(c)　　　　　　　　　　　　　　　(d)

图 2-3　管道连接形式

（a）螺纹连接；（b）法兰连接；（c）承插连接；（d）焊接连接

3. 建筑室内给水工程常用的附件

建筑给水工程附件包括配水附件和控制附件两类。其中配水附件主要是指各类水龙头和水表；控制附件主要是指各类阀门。

（1）水表的组成和分类（图 2-4）

水表是一种计量用水量的仪器。目前使用较多的是流速式水表，一般由表壳、翼轮和减速指示机构组成。其计量原理是当管径一定时，通过水表的流量与流速成正比来计量。水表计量的数值为累计值。

流速式水表按叶轮构造不同分为旋翼式和螺翼式两种。

旋翼式水表的叶轮轴与水流方向垂直阻力大，计量范围小，多为小口径水表。螺翼式水表的叶轮轴与水流方向平行，阻力小计量范围大，多为大口径水表。

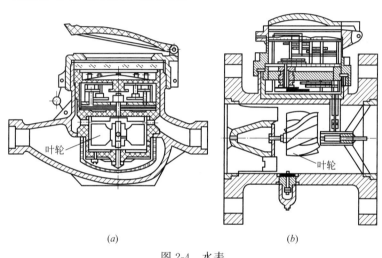

(a)   (b)

图 2-4　水表

（a）旋翼式；（b）螺翼式

（2）水龙头（图 2-5）

水龙头，又称水嘴，用来开启或关闭水流。常用的有普通龙

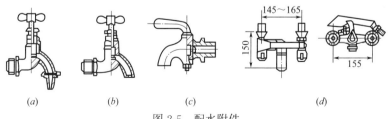

(a)   (b)   (c)   (d)

图 2-5　配水附件

（a）皮带式配水龙头；（b）截止阀式配水龙头；

（c）旋塞式配水龙头；（d）混合水龙头

头、盥洗龙头及混合龙头等，此外，还有许多根据特殊用途制成的水龙头。如用于化验室的鹅颈水嘴，用于医院的肘动水嘴以及小便斗龙头、热水龙头、皮带龙头、消防龙头、电子自动龙头等。

1）普通龙头：装设在厨房洗涤盆、污水池及盥洗槽上，由可锻铸铁或铜制成，直径有 15mm、20mm、25mm 三种。

2）盥洗龙头：设在洗脸盆上专供冷水或热水用，通常与洗脸盆成套供应。有莲蓬头式、鸭嘴式、角式、长脖式等多种形式。

3）混合龙头：通常装设在浴盆上用来分配调节冷热水，供盥洗、洗涤、沐浴等用，样式很多。

（3）常用阀门（图 2-6）

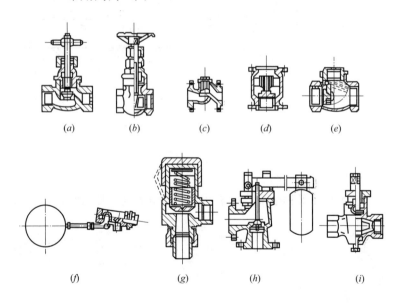

图 2-6　控制附件
（a）截止阀；（b）闸阀；（c）升降止回阀；（d）立式升降止回阀；
（e）旋启式止回阀；（f）浮球阀；（g）弹簧式安全阀；（h）单杠
杆微启式安全阀；（i）旋塞阀

1）闸阀：闸阀体内有一闸板与水流方向垂直，闸板与阀座的密封面相配合，利用闸板的升降来控制阀门的启闭。

2）截止阀：截止阀是利用装在阀杆下面的阀盘与阀体内的阀座相配合来控制阀门开启和关闭，达到开启和截断水流、调节流量的目的。安装时要注意水流方向，不得装反，否则开启费力。在室内给水管道中，当管径 DN 小于 50mm 时宜选用截止阀。

3）球阀：球阀是利用一个中间开孔的球体阀芯，靠旋转球体来控制阀门开、关的。球阀只能全开或全关，不允许作节流用，常用于管径较小的给水管道中。

4）止回阀：止回阀是一种自动启闭的阀门，用来控制水流方向，只允许水流朝一个方向流动，反向流的阀门自动关闭。按结构形式可分为升降式和旋启式两种。安装止回阀时要注意方向，必须使水流的方向与阀体上箭头方向一致，不得装反。

5）旋塞阀：旋塞阀是依靠中央带孔的锥形旋塞来控制水管的启闭的。旋塞阀结构简单，水流阻力较小，启闭迅速，操作方便，但开关较费力，密封面容易磨损。常用于压力低、管径小的给水管道。

6）减压阀：减压阀是通过阀瓣的节流，将水流压力降低，并依靠水流本身的能量，使出水口压力自动保持稳定的阀门。一般分为定比例式（活塞式）和非定比例式（弹簧式）两种。

7）安全阀：安全阀是种对管道和设备起保护作用的阀门。当管道或设备的水流压力超过规定值时，阀瓣自动排放，低于规定值时，自动关闭。按其构造分为杠杆重锤式、弹簧式和脉冲式三种。

4. 建筑给水增压和贮存设备（图 2-7）

在室外给水管网压力经常或周期性不足的情况下，为了保证室内给水管网所需压力，常设置水泵和水箱。在消防给水系统中，为了供应消防时所需的压力，也常需设置水泵。

（1）水泵

建筑设备工程中广泛应用的是离心式水泵，其结构简单，体

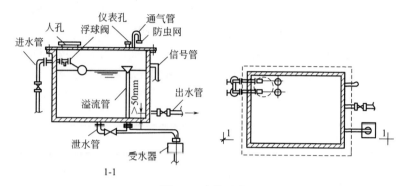

图 2-7　水箱示意

积小，效率高，运转平稳。

在离心式水泵中，水靠离心力由径向甩出，从而得到很高的压力，将水输送到需要的地点。在水被甩出的同时，水泵进水口形成真空，由于大气压力的作用，吸水池中的水通过吸水管压向水泵进口，进而流入泵体。由于电动机带动叶轮连续回转，离心泵均匀地、连续地将水压送到用水点或高位水箱。

离心式水泵的基本工作参数有：流量、总扬程、功率。水泵流量为水泵在单位时间内所吸送的液体容量。水泵扬程是指水泵所产生的总水头，常用单位以米水柱计。功率是水泵在单位时间内所做的功。

水泵型号一般用汉语拼音字头和数字组成。如 BA 表示单级单吸悬臂式离心泵；DA 表示单吸多级分段式离心泵；SH 表示双吸单级离心泵。数字表示水泵的比转数的 1/10。例如 4DA-8，表示吸水口直径为 100mm（4×25）的单吸多级分段式离心泵，比转数为 80。

（2）高位水箱

在下列情况下，常设置高位水箱：

1）室外给水管网中的压力周期性的小于室内给水管网所需的压力；

2）在某些建筑物中，需储备事故备用水或消防储备水；

3）室内给水系统中，需要保证有恒定的压力。

水箱通常用钢板或钢筋混凝土建造，其外形有圆形及矩形两种。圆形水箱结构上较为经济，矩形水箱则便于布置。

水箱上设有进水管、出水管、溢流管、泄水管、水位信号装置、托盘排水管等。

（二）建筑室内排水工程常用材料和设备

1. 建筑室内排水工程常用的管材

室内排水系统对所选用的排水管材的要求是排水管材应有足够的机械强度、抗污水侵蚀性能好、内壁光滑、水利条件要好、不渗漏、使用寿命较长等；在建筑工程中首选硬聚氯乙烯排水塑料管或柔性抗振排水铸铁管及相应的管件。

（1）硬聚氯乙烯（UP-VC）排水塑料管（图 2-8）

硬聚氯乙烯排水塑料管具有质量轻、强度高、安装方便、耐腐蚀、抗老化、管壁光滑水流阻力小、外表美观、造价低、使用寿命可达

图 2-8　UPVC 水管

50 年等优点。但它也有强度低、耐温性能差、排水立管易产生噪声，暴露于阳光下的管道易老化、防火性能差等缺点。

硬聚氯乙烯排水塑料管按结构形式不同可分为普通单壁 UP-VC 管、内壁有螺旋导流的螺旋管、双壁波纹管、单壁波纹管、双壁中空螺旋管等。其常用的管材规格有公称外径为：50mm、75mm、90mm、110mm、125mm、160mm、200mm、250mm、315mm。UPVC 管材的长度一般为 4m。

硬聚氯乙烯排水塑料管道连接的方法有承插粘接、橡胶圈密封连接和螺纹连接。普通单壁硬聚氯乙烯排水塑料管常用于底层或多层建筑室内排水系统和雨水排水系统中。双壁中空螺旋管和芯型发

泡管常用于小高层和高层建筑室内排水系统和雨水排水系统中。

（2）排水铸铁管

排水铸铁管具有耐腐蚀性能强、寿命长、使用寿命长、价格便宜、噪声小、强度高、柔性抗振、柔性接口施工方便、耐高温，阻燃防火等优点。但其也有质量大、质脆、刚性接口施工麻烦等缺点。

排水铸铁管按材质不同可分为灰口铸铁排水管和球墨铸铁排水管；按制造工艺不同可分为普通砂型排水铸铁管、连续铸造排水铸铁管、离心铸造排水铸铁管和柔性抗振排水铸铁管等。

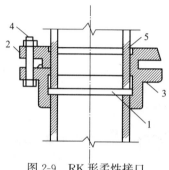

图 2-9　RK 形柔性接口

1—排水铸铁管承口；2—法兰压盖；
3—密封橡胶圈；4—紧固螺栓；
5—插口接口处

排水铸铁管的连接形式：普通排水铸铁管有承插石棉水泥接口、膨胀水泥接口；柔性抗振排水铸铁管有平口法兰式柔性接口（RP 形）、承插压盖式柔性接口（RK 形）、无承口不锈钢管箍式柔性接口（W 形）等（图 2-9～图 2-12）。

图 2-10　RK 形管件

1—正四通；2—斜四通；3—S 形存水弯；4—90°弯头；
5—P 形存水弯；6—顺水三通

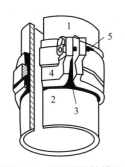
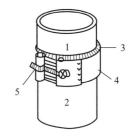

图 2-11　RP 形柔性接口
1—平口排水铸铁管；2—平口排水铸
铁管；3—密封橡胶圈；4—抱箍或半
法兰；5—紧固螺栓

图 2-12　STL 形柔性接口
1—平口排水铸铁管；2—平口排水铸
管；3—密封橡胶套；4—不锈钢管箍；
5—紧固螺栓

普通砂型排水铸铁管常用于底层或多层建筑室内排水系统和雨水排水系统中。柔性抗振排水铸铁管常用于小高层和高层建筑室内排水系统和雨水排水系统中。

我国建设部等四部委已于 1999 年 12 月发文，从自 2000 年 6 月 1 日起，在城镇新建住宅中，淘汰砂模铸造铁排水管用于室内排水管道，推广应用硬聚氯乙烯（UPVC）塑料排水管和符合《排水用柔性接口铸铁管、管件及附件》GB/T 12772—2016 的柔性接口机制铸铁排水管。管件由原先的承插刚性接口（石棉水泥接口）管件转向柔性抗振橡胶圈接口管件，从而大大降低了劳动强度，简化了操作工序，便于安装维修。RK 形柔性接口管件如图 2-10 所示。

2. 建筑室内排水工程常用的管件及连接方式

（1）存水弯

存水弯是设置在卫生器具排水支管上和生产污水（废水）受水器泄水口下方的排水附件（坐便器除外）。按其外形和构造不同可分为 S 形、P 形、瓶式和防虹吸式四种。S 形常用于连接排水横管标高较低的位置；P 形常用于连接排水横管标高较高的位置；瓶式存水弯一般明装在洗脸盆或洗涤盆等卫生器具排出管上；防虹吸式存水弯的排出管上部装有进气短管，在排水管内形成负压时可以补气，防止水封破坏，消除排水管道虹吸振动而引起的噪声。

存水弯具有阻隔排水管道内的臭气和防止有害小虫进入的作用。在其弯曲段内必须存有 50～100mm 高的水封。存水弯按材质不同可分为铸铁存水弯和硬聚氯乙烯塑料存水弯两种。其规格有 $DN50$、$DN75$、$DN100$。

（2）检查口

检查口是设置在排水立管上或较长的排水横管上的附件，其作用是清通排水管道防止其堵塞。检查口是一个带有盖板的开口短管，维修时可拆开盖板进行管道清通。

检查口安装在排水立管时，应每隔一层设置一个检查口，但在最底层和有卫生器具的最高层必须设置。安装高度是检查口中心距操作地面为 1.0m 且与墙面成 45°角。

埋地管道上的检查口应设在检查井内，以便清通操作，检查井直径不得小于 0.7m。

（3）清扫口

清扫口设置在排水横管上，其作用是清通排水横管防止其堵塞。清扫口顶应与地面相平。当连接 2 个及 2 个以上大便器或 3 个及 3 个以上卫生器具的污水横管上应设置清扫口。当污水管在楼板下悬吊敷设时，可将清扫口设在上一层楼地面上，污水管起点的清扫口与管道相垂直的墙面距离不得小于 200mm；若污水管起点设置堵头代替清扫口时，与墙面距离不得小于 400mm。

（4）地漏

地漏常装设在地面需经常清洗或地面有积水需排泄的地方，如淋浴间、盥洗室、卫生间等。其作用是排泄地面上的污水。按材料不同分为铸铁地漏和硬聚氯乙烯塑料地漏；按形状不同可分为圆形地漏和方形地漏。在排水口处盖有箅子，用来阻止杂物进入排水管道。

地漏应布置在不透水地面的最低处，地漏箅子顶面应低于地面 5～10mm。地漏内的水封深度不得小于 50mm，其周围地面应有坡度不小于 0.01 的坡向地漏，以防止地漏内的臭气逸入室内污染环境。$DN50$ 和 $DN100$ 的地漏集水半径为 6m 和 12m。1 个 $DN50$ 的地漏可服务 1～2 个淋浴器；4～5 个淋浴器可用 1 个 $DN100$ 的地漏。当采用排水沟时，1 个 $DN100$ 的地漏可服务 8 个淋浴器。厕所以及盥洗室，一般设置 1 个 $DN50$ 的地漏，地漏如图 2-13 所示。

图 2-13　UPVC 塑料地漏

（5）通气帽

在通气管的顶端应设置通气帽，防止杂物进入排水立管内。以免造成排水立管的堵塞。其形式有两种，一种是采用 20 号镀锌铁丝编绕成螺旋形铅丝球，可用于气候较暖和的地区；另一种采用镀锌铁皮制作成伞形通气帽，适用于冬季室外温度低于 −12℃ 的地区，它可以防止雪花进入排水立管或因潮气结冰霜封闭网罩而堵塞通气口，影响系统排水。

3.建筑室内排水工程常用的卫生器具及构筑物

卫生器具又称为卫生洁具，它是室内排水系统中重要的组成部分，用来满足日常生活中各种卫生要求，收集和排除生活及生产的污水、废水的设备。

卫生器具应表面光滑、易于清洗、不透水、无气孔、耐腐蚀、耐冷热、有一定的强度。卫生器具选用的材料有陶瓷、搪瓷生铁、塑料、玻璃钢、不锈钢等材料。

（1）卫生器具的种类

卫生器具按使用功能分为便溺用、盥洗用、沐浴用、洗涤用四类。

1）便溺用卫生器具

便溺用卫生器具，包括大便器、大便槽、小便器、小便槽等。

2）大便器

大便器分为坐式大便器（简称坐便器）和蹲式大便器（简称蹲便器）。

① 坐式大便器

坐式大便器按水力冲洗原理可分为冲洗式和虹吸式两大类。按低水箱和马桶的连接方式和制造工艺不同可分为分体式和连体式两种，如图 2-14 所示。

图 2-14　坐便器

② 冲洗式坐便器

冲洗式坐便器上口一圈开有许多小孔的冲洗槽，冲洗水经小孔流出沿便器冲水斜坡冲下，将粪便冲出存水弯。其特点冲洗噪声较小，水面小而浅，污物不易冲净而产生臭气，卫生条件较差，价格便宜。

③ 虹吸式坐便器

虹吸式坐便器是依靠虹吸作用使冲洗水形成旋流，将粪便全部冲出存水弯。其特点是排污能力强、卫生条件较好，存水面积大、噪声较大。虹吸式坐便器又可分为喷射虹吸式坐便器和旋涡虹吸式坐便器。当前人们节能环保意识增强，选购时可购买适中水容量和低噪声的节能坐便器。坐式大便器的冲洗设备有两种，一种是低水箱（有连体和分体）；另一种是延时自闭冲洗阀（直接连接给水管），安装时，在延时自闭冲洗阀下必须安装一个防污器即真空隔断器，防止给水管道形成真空时，便器内的污水回流至给水管网中污染给水系统。

坐式大便器常安装在住宅、宾馆、饭店、酒店等高级建筑内。

④ 蹲式大便器

蹲式大便器一般安装在公共卫生间、普通住宅、集体宿舍、普通的旅馆，以及防止接触传染的医院厕所内等场合。蹲式大便器的冲洗设备有三种：一是常采用的高水箱冲洗；二是采用手动式或脚踏式延时自闭冲洗阀冲洗；三是采用感应自动冲洗阀冲洗。

2）大便槽

大便槽较少采用，目前只在某些造价较低的一般公共建筑物的公共厕所中使用，如学校、火车站、汽车站、码头等。它卫生条件较差，不美观，但比其他形式的大便器相比造价低，并由于使用集中自动冲洗水箱，耗水量较少。大便槽的槽宽一般为200～300mm，起端槽深为350mm，槽底坡度不小于0.015，末端设有高出槽底150mm的挡水坎，排水口需设存水弯。

3）小便器

小便器一般安装在公共建筑男厕所中，分挂式和立式两种。挂式小便器挂装在一般的厕所墙上，其冲洗设备可采用按钮式自闭冲洗阀；立式小便器落地安装在对卫生设备要求较高的公共建筑，如宾馆、高档商场、大剧院、展览馆等男厕所内，其冲洗设备可采用光电数控感应冲洗阀。

4）小便槽

小便槽常用于工业企业、公共建筑、集体宿舍、学校等建筑中男厕所内，其冲洗设备可采用阀门或水箱通过多孔管冲洗。小便槽构造简单、造价低，可供多人同时使用。

（2）盥洗、沐浴用卫生器具

1）洗脸盆

洗脸盆常安装在盥洗室、浴室、卫生间、理发室、公共洗手间、医院治疗间，用于洗脸、洗头和洗手，如图 2-15 所示，其形状有长方形、椭圆形和三角形等。

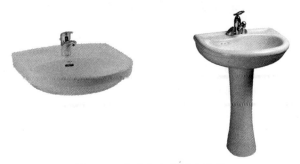

图 2-15　台盆和立柱式洗脸盆

洗脸盆安装方式有挂式、立柱式、台式（分为台上盆和台下盆）和柜盆式四种。挂式洗脸盆是将铸铁三脚架安装在理发室的墙上；立柱式洗脸盆常安装在家庭卫生间、浴室、公共洗手间、医院治疗间，其下部由立柱支撑安装的洗脸盆；台式洗脸盆是指脸盆镶于大理石台板上，其中脸盆上沿在台面以上称为台上盆，在台面以下称为台下盆。常用于空间较大美观要求较高的宾馆卫生间；柜盆是近几年研发出的一种新型高档洗脸盆，常镶嵌在柜子的内部或放置在柜子之上，其具有简约、美观、赋有个性、价格较高等特点，是目前年轻人的首选。

2）盥洗槽

盥洗槽有单面和双面两种，常安装在同时有多人使用的地方，如标准不高的公共建筑、教学楼、集体宿舍、工厂生活间等，常用砖砌抹面贴瓷片、水磨石现场建造。

3）浴盆

浴盆又称为浴缸，常安装在住宅、宾馆的卫生间内，配有冷热水混合龙头和淋浴器（有固定莲蓬头和软管莲蓬头）。按其材质不同分为陶瓷、搪瓷钢板、塑料、玻璃钢、大理石等材料制成的浴缸。按洗浴方式不同分为坐浴缸、躺浴缸、带盥洗底盘的坐浴缸。按支撑方式不同分为有腿浴缸和无腿浴缸。按形状不同分为长方形、方形和椭圆形等形状。为了满足卫生间装饰色调方面的要求，人们可以选购不同颜色的浴盆。目前有一些厂家研发出一种按摩保健浴盆，它是一种使水和空气混合后，以水定向喷入的方式，能对人体起到按摩作用的旋涡浴缸。它有单人、双人和多人三种形式。陶瓷躺浴盆如图 2-16 所示。

图 2-16　浴盆

4）淋浴器

淋浴器与浴盆相比，具有占地面积小、清洁卫生、造价低、耗水量少等特点，它常安装在工厂生活间、集体宿舍等公共浴室中，供人们洗浴之用。淋浴器有成品供应，也可现场制作安装。成品淋浴器如图 2-17 所示。

（3）洗涤用卫生器具

洗涤用卫生器具供人们洗涤器物之用，浴盆主要有洗涤盆、化验盆和污水盆等卫生器具。

1）洗涤盆

洗涤盆常安装在厨房和公共食堂内，用来洗涤碗碟及蔬菜、食物等，也可安装

图 2-17　成品淋浴器

在医院的诊室、治疗室内，供医护人员洗手之用。洗涤盆有单格和双格两种，按材质不同可分为水泥水磨石洗涤池、陶瓷洗涤盆和不锈钢洗涤盆，其中陶瓷洗涤盆应用较普遍；不锈钢双格洗涤盆常用于家庭厨房或与公共食堂不锈钢柜、台配套使用；按形状分为长方体、正方体和椭圆形等几种。

2）化验盆

化验盆常安装在实验室内，根据用户需要化验盆可选用单联、双联、三联鹅颈龙头。它主要供化验人员洗刷化验器皿和实验接水之用。常用陶瓷化验盆。

3）污水盆

污水盆又称为污水池、拖布池，常安装在公共建筑的厕所及集体宿舍盥洗间内，供洗涤拖布、打扫卫生、倾倒污水之用。多用砖砌瓷砖贴面制成。

三、水工安全操作规程

（一）安全生产通用要求

（1）牢记"安全生产，人人有责"，树立"安全第一，预防为主"的思想，不违反劳动纪律，坚守工作岗位，不串岗，不酒后作业，集中精力进行安全生产。

（2）认真学习管道工安全技术操作规程，熟知安全知识，严格执行规章制度和措施，不得违章作业，不冒险蛮干，有权拒绝违章指挥。

（3）坚持上班前自检制度，对所使用的砂轮、切割机、爬梯、脚手架、脚手板、电线线路、安全网、高压线、洞口等进行全面检查，不符合安全生产要求时不得操作，加强自我防护。

（4）要严格执行安全技术施工方案和安全技术交底，不得任意变更、拆除安全防护设施，并不得动用其他工种电气和机械施工设备。

（5）正确使用防护用品。衣着整齐，穿戴好安全防护用品。

（6）对各级检查提出的隐患，按要求及时整改。

（7）实行文明施工不得从高处往地面抛掷物品，各种流动电线应及时回收，妥善保管。班后闸箱断电上锁，随时清理各类管道等材料，按类堆放整齐，有条不紊。

（8）积极参加安全竞赛和安全活动，接受安全教育，随时检查工作岗位周围的环境，做好文明施工。

（9）发生事故或未遂事故，立即向班组长报告，参加事故分析，吸取事故教训，积极提出防止事故发生、促进安全生产、改善劳动条件的合理建议。

（二）用电安全

（1）作业电工必须是持证电工，并严格遵守现场的各项安全管理规章制度。

（2）实行三相五线制供电，必须采用三相五线保护接零供电系统 TN-S 系统。并在线路首端（变压器配电箱）、中端、末端作重复接地。而接地总电阻不得大于 4Ω，其中端和末端不得大于 10Ω。

（3）现场电工必须严格遵守"操作规程"、"安装规程"。维修电器设备时，应切断电源，验明线路无电并挂"严禁合闸，有人工作"的标识牌或专人看守。其分配电箱用电机具开关箱安装好后应立即做好编号标识工作。所有用电机具操作开关必须一机一闸一漏一箱安装，严禁用四芯电缆外加一条五芯线使用，而其中的黄/绿双色线只能作机具的保护零线使用。

（4）用电机具必须由电工检验其绝缘电阻及检查电器附件是否完整无损，固定用电设备其绝缘电阻应大于 $0.5M\Omega$，Ⅰ类手持电动机具不小于 $2M\Omega$，Ⅱ类不小于 $7M\Omega$。用电设备的金属外壳必须有可靠的接地保护，使用手持电动工具应使用安全用电。

（5）运行中的漏电开关必须每天进行检查，使用中发生跳闸，必须查明原因，才能重新合闸送电。发现漏电开关损坏或失灵必须立即更换，严禁电工自行维修，严禁在漏电开关撤出或失灵状态下运行。

（6）配电箱内开关电器、控制电器、保护电器必须完好无损，可动部分灵活可靠。箱内电器接线整齐，无外露导电部分，进出线必须从箱底进出。非电缆线路应加塑料护套保护线路进出位置。线路两端严禁用插头连接使用，电源线严禁搭接在保险丝上，线路不得挂搭衣服。1000W 以上灯具下方不得堆放易燃易爆物品。在施工现场配电房和主要分配电箱范围内应配备足够的电气防火器材。

（7）与施工现场相邻的外电线路和设备必须采取防护措施或严密封闭。

（8）施工照明要设专用回路漏电开关，其金属外壳必须作接零保护，室内线路及灯具安装高度低于2.5m要使用36V及以下安全电压。潮湿作业场所其照明电压不得大于12V。

（9）建立健全电器防火检查制度，安全教育制度，维护、检查、测试制度，购置的设备必须符合相应的国家标准、专业标准和安全标准。执行专人专机负责制，定期检查、维修。施工现场临时用电每周检查一次（漏电保护器每月测试一次），发现问题，及时整改。

（三）操作平台安全措施

1.移动式操作平台，符合下列规定：

（1）操作平台应由专业技术人员按现行的相应规范进行设计，计算书及图纸应编入施工组织设计。

（2）操作平台的面积不应超过10m²，高度不应超过5m。还应进行稳定验算，并采取措施减少立柱的长细比。

（3）装设轮子的移动式操作平台，轮子与平台的接合处应牢固可靠，立柱底端离地面不得超过80mm。

（4）操作平台采用ϕ（48～51）×3.5mm钢管以扣件连接，也可采用门架式或承插式钢管脚手架部件，按产品使用要求进行组装。平台的次梁，间距不应大于40cm；台面应满铺3cm厚的木板。

（5）操作平台四周必须按临边作业要求设置防护栏杆，并应布置登高扶梯。

2.悬挑式钢平台，必须符合下列规定：

（1）悬挑式钢平台应按现行的相应规范进行设计，且结构构造应能防止左右晃动，计算书及图纸应编入施工组织设计。

（2）悬挑式钢平台的搁支点与上部拉结点，必须位于建筑物上，不得设置在脚手架等施工设备上。

（3）斜拉杆或钢丝绳，构造上宜两边备设前后两道，两道中每一道均应作单道受力计算。

（4）应设置 4 个经过验算的吊环。吊运平台应设卡环，不得使用吊钩直接钩挂吊环。吊环应用甲类 3 号沸腾钢制作。

（5）钢平台安装时，钢丝绳应采用专用的挂钩挂牢，采取其他方式时卡头的卡子不得少于 3 个。建筑物锐角利口围系钢丝绳处应加衬软垫物，钢平台外口应略高于内口。

（6）钢平台左右两侧必须安装固定的防护栏杆。

（7）钢平台吊装，需待横梁支撑点电焊固定，接好钢丝绳，调整完毕，经过检查验收，方可松卸起重吊钩，上下操作。

（8）钢平台使用时，应由专人进行检查，发现钢丝绳有锈蚀损坏及时调换，焊缝脱焊应及时修复。

3.操作平台上应显著地标明容许载位。操作平台上人员和物料的总重量，严禁超过设计的容许荷载。应配备专人加以监督。

（四）应急措施及常识

（1）事故和紧急事件发生后，现场第一目击者应以最快捷的方法，立即将所发生事故的情况报告应急响应领导小组的任一成员，或项目部办公室（或项目部任一管理部门），或现场负责人。报告内容为发生事故的单位、时间、地点、简要情况、伤亡人数。

（2）现场作业人员迅速将伤员脱离危险场地，移至安全地带。抢救的重点放在颅脑损伤、胸部骨折和出血上进行处理。

（3）施救人员首先观察伤者的受伤情况、部位、伤害性质，按照救护措施进行现场急救。

（4）立即拨打 120 向当地急救中心取得联系（医院在附近的直接送往医院），应详细说明事故地点、严重程度、本部门的联系电话，并派人到路口接应。

四、给水排水施工质量通病及预防

（一）给水管道敷设工艺要求及常见问题

（1）给水排水管道穿过墙壁和楼板，应设置金属或塑料套管，穿过楼板的套管与管道之间缝隙应用阻燃密实材料和防水油膏填实，端面光滑。穿墙套管与管道之间缝隙宜用阻燃密实材料填实，且端面应光滑。管道的接口不得设在套管内（图4-1）。

图4-1 给水管道穿楼板做法

（2）冷热水管道不应敷设在石膏板墙内，固定不便、不牢固，保温不便，极可能引起板墙变形开裂（图4-2）。

（3）给水管不宜在地面上敷设，当不可避免时，应敷设在防水层保护层上方（图4-3）。

（4）浴缸下敷设给水管道时，应高出地面50mm以上，在防水层上方，给水接口宜设置在检修口处，便于安装检修（图4-4）。

（5）PP-R管道连接时，应使用同一厂家相同材质的管件（图4-5）。

图 4-2　冷热水管敷设

图 4-3　给水管不宜在地面敷设

图 4-4　浴缸给水管敷设

图 4-5　PP-R 管道连接

（6）薄壁不锈钢给水管固定时，其他金属固定件应绝缘，以防潮湿情况下，不锈钢给水管发生电化腐蚀，也称双金属腐蚀（图 4-6）。

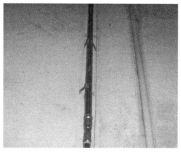

图 4-6　薄壁不锈钢给水管固定

（7）采用金属制作的管道支架，在管道与支架间加衬非金属垫或套管（图 4-7）。

图 4-7　管道支架

（8）大管径给水管道固定应使用角钢支架（图4-8）。

图 4-8　角钢支架

（9）PVC 支架只能适用于小管径 PVC-U（不大于 50mm）排水管道的固定，且连接件应同一材质同一厂家，不能用于给水管道固定（图4-9）。

图 4-9　排水管道固定

（10）普通淋浴龙头接水口应注意出墙是否平齐，是否平正，可采用一体式接口，或模板定位（图 4-10）。

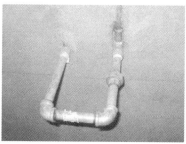

图 4-10　淋浴龙头出墙位置

（11）阀门处需设置可拆卸连接件（图 4-11）。

图 4-11　阀门连接件

（12）卫生器具预埋件与管道连接时，需设置可拆卸连接件（图 4-12）。

图 4-12　卫生器具预埋件与管道连接

（13）淋浴顶喷需单独支架固定（图4-13）。

图4-13　淋浴顶喷固定

（14）连接卫生器具的管道接口应选择适当的管件，如图4-14所示，选择外丝管接。

图4-14　卫生器具管道接口

（15）寒冷地区跨越冬期施工时，此处宜设置泄水口（图4-15）。

（16）浴缸龙头设置时，要与装饰设计结合，如图4-16所示，洗浴时不便于看房间电视。

（17）给水管道压力试验时要特别注意是否渗水（图4-17）。

图 4-15 泄水口设置

图 4-16 浴缸龙头设置

图 4-17 给水管道压力试验

（二）排水管道敷设工艺要求及常见问题

（1）PVC-U 排水主管道必须每层设置一个伸缩节（图 4-18）。

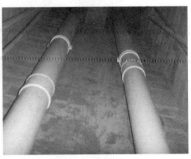

图 4-18　伸缩节设置

（2）卫生间钢架隔墙施工时，钢架应避开排水管接口位置（图 4-19）。

图 4-19　卫生间钢架与排水管位置

（3）室内排水管道的变向连接，应采用 45°三通或 90°斜三通。立管与排出管端部的连接，应采用两个 45°弯头或曲率半径不小于 4 倍管径的 90°弯头（图 4-20）。

（4）排水管道变向连接时应尽量使用 45°管件（图 4-21）。

（5）排水管多使用 45°管件（图 4-22）。

图 4-20　排水管道的变向连接

图 4-21　排水管道变向

图 4-22　排水管 45°管件使用

（6）同层排水，浴缸下排水管做法（图 4-23）。

（7）排水管使用偏心变径时，小管径管应在变径最高处（图 4-24）。

图 4-23 同层排水，浴缸下排水管做法

图 4-24 排水管变径

（8）有基层钢架的墙面上安装小便斗，给水排水管都应固定牢靠（图 4-25）。

（9）小便斗排水管道不应设置存水弯（图 4-26）。

（10）排水立管横向变向连接时，弯头处需采取可靠固定措施，如钢架支座、支墩、龙门架（图 4-27）。

（11）卫生洁具排水管道管口应及时保护，以防异物进入，宜采用相应的堵头（图 4-28）。

图 4-25　钢架基层上的小便斗安装

图 4-26　小便斗排水管道设置

图 4-27　弯头处固定措施

图 4-28　管口保护

（12）排水横管过长时应设置检查口，一般 8m 设置一个（图 4-29）。

图 4-29　检查口设置

（13）浴缸排水管接口宜设置在检修口附近（图 4-30）。

图 4-30　浴缸排水管接口

（14）地漏排水管做法（图 4-31）。

图 4-31　地漏排水管做法

（三）卫生器具安装工艺要求及常见问题

（1）卫生洁具（如台盆）、洗菜盆去水管与排水管道连接时，应使用橡胶法兰圈密封，防止异味，便于检修（图 4-32）。

图 4-32　洁具去水管与排水管道连接

（2）洁具安装，用软管连接时，不应有死折（图 4-33）。

（3）蹲便器安装，冲水弯管处石材、砖应是活动的，便于安装检修（图 4-34）。

（4）蹲便器安装时，要注意冲水弯管与蹲便器轴线是否平齐（图 4-35）。

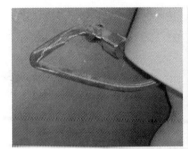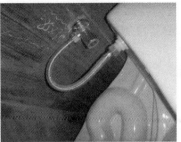

图 4-33　软管连接

图 4-34　蹲便器检修口

图 4-35　蹲便器安装

（5）小便斗安装应水平，与墙面间隙小而均匀，斗边沿距地 550～600mm，特别要注意装饰造型，坐便器也如此（图 4-36）。

图 4-36　小便斗安装

（6）小便斗边沿距地宜 550～560mm（规范 600mm），排水管施工时控制（图 4-37）。

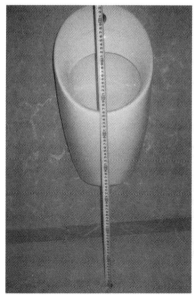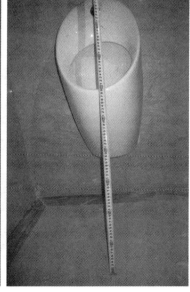

图 4-37　小便斗安装位置

（7）淋浴器调节阀安装应方正（图4-38）。

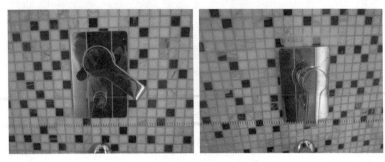

图4-38　淋浴器调节阀安装

（8）淋浴喷头下沿应不低于2100mm，非水头接口安装高度如图4-39所示。

图4-39　淋浴喷头安装

（9）台盆龙头出水应柔和（图4-40）。

图 4-40　台盆龙头出水

五、给水管道安装

（一）室内给水管道放线与布置

1. 基本原则

充分利用外网压力；在保证供水安全的前提下，以最短的距离输水；力求水利条件最佳。

不影响建筑的使用和美观；管道宜沿墙、梁、柱布置，一般可设在管井、吊顶内或墙角。确保管道不受到损坏；便于安装维修。

2. 布置形式

枝状：室内给水管网宜采用枝状管网，单向供水。

环状：不允许断水的建筑或生产设备。

下行上给式：水平干管敷设在地下室天花板下，专门的地沟内或在底层直接埋地敷设，自下向上供水。

上行下给式：水平干管设于顶层天花板下，吊顶中，自上向下供水。

3. 注意事项

力求长度最短，尽可能呈直线走，平行于墙梁柱，照顾美观，考虑施工检修方便。

干管尽量靠近大用户或不允许间断供水处。不得敷设在配电间、烟道和风道内。

避开沉降缝，如果必须穿越时，应采取相应的技术措施（图 5-1）。

埋地时应避开设备基础，避免压坏或振坏。

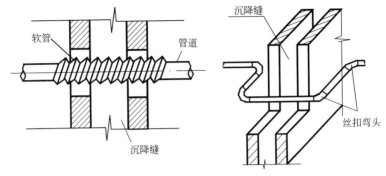

图 5-1　室内给水管网遇沉降缝时示意

（二）室内给水管道敷设与阀门附件安装

1. 管道敷设

（1）敷设形式

1）明装

特点：造价低，便于安装维修；不美观，凝结水，积灰，妨碍环境卫生。

适用：对卫生、美观没有特殊要求的建筑。

2）暗装

暗装分为直埋式和非直埋式两种形式。

直埋式：嵌墙敷设、埋地或在地坪面层内敷设。

非直埋式：管道井、吊顶内，地坪架空层内敷设。

特点：卫生条件好，美观，造价高，施工维护不便。

适用：建筑标准较高的建筑。

（2）敷设要求

1）引入管穿越承重墙或基础时预留洞、预埋套管（防水套管），留洞尺寸如图 5-2 所示。室外部分：冰冻线以下 0.2m，覆土 0.7m 以上；室内覆土：金属管不小于 0.3m；塑料管 DN 未超过 50mm 时，不小于 0.5m；DN 大于 50mm 时，不小

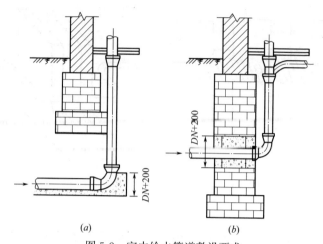

图 5-2　室内给水管道敷设要求

（a）引入管穿越承重墙或基础；（b）给水横管穿越承重墙或基础

于 0.7m。

2）给水横管穿承重墙或基础、立管穿楼板应预留洞。

3）管道在空中敷设时，必须采取固定措施。

4）室内给水管道与其他管道一同架设时，应当考虑安全、施工、维护等要求。在管道平行或交叉设置时，对管道的相互位置、距离、固定等应按管道综合有关要求统一处理。

5）管道与墙、梁、柱的间距应满足施工、维护、检修的要求。

6）暗装管道不得直接敷设在建筑结构层内。

（3）管道防护

1）防腐

钢管外防腐——刷油法。

铸铁管外防腐——埋地外表一律刷沥青防腐；明装刷樟丹及银粉。

内防腐——输送具有腐蚀性液体时，除用耐腐蚀管道外，也可将钢管或铸铁管内壁涂衬防腐材料。

2）防冻

寒冷地区屋顶水箱，冬季不采暖的室内管道，设于门厅、过道处的管道应采取保温措施。

3）防结露

防结露措施——防潮绝缘层。

4）防振

支、吊架内衬垫减振材料。

2.水质防护

（1）各给水系统（生活给水、直饮水、生活杂用水）应各自独立、自成系统，不得串接。

（2）生活用水不得因管道产生回流污染。

（3）建筑内二次供水设施的生活饮用水箱应独立设置，其贮量不得超过 48h 的用水量，并不允许其他用水的溢流水进入。

（4）埋地式生活贮水池与化粪池、污水处理构筑物的净距不应小于 10m。

（5）建筑物内的生活贮水池应采用独立结构形式，不得利用建筑物本体结构作为水池的壁板、底板及顶盖。

（6）生活水池（箱）与其他用水水池（箱）并列设置时，应有各自独立的池壁，不得合用同一分隔墙；两池壁之间的缝隙渗水，应自流排出。

（7）建筑内的生活水池（箱）应设在专用的房间内，其上方的房间不应设有厕所、厨房、污水处理间等。

（8）生活水池（箱）的构造和配管应符合下列要求：

水池（箱）的材质、衬砌材料、内壁涂料应采用不污染水质的材料；水池（箱）必须有盖并密封；人孔应有密封盖并加锁；水池透气管不得进入其他房间；进出水管应布置在水池的不同侧，以避免水流短路，必要时应设导流装置；通气管、溢流管应装防虫网罩，严禁通气管与排水系统通气管和风道相连；溢水管、泄水管不得与排水系统直接相连。

（三）给水管道施工

1. 薄壁不锈钢管施工

（1）工艺流程

不锈钢管道卡压式管件端口部分有环状 U 形槽，内装有 O 形密封圈。安装时，用专用卡压工具使 U 形槽凸部缩径，且薄壁不锈钢管水管、管件承插部位卡成六角形。

施工工艺：安装准备—卡压式连接—管道试验—质量检查—成品保护。

（2）安装准备

1）用专用划线器在管材端部划标记线一周，以确认管材的插入长度。避免脱出而造成实际插入长度不足，卡压后引起漏水。插入长度见表 5-1。

插入长度基准值 表 5-1

公称通径(mm)	15	20	25	32	40	50	65
插入长度基准值(mm)	21	24		39	47	52	64

2）水管切断后不允许有外翻毛刺，以避免安装时水管插入管件刮伤橡胶密封圈，造成卡压后漏水。

3）水管插入管件前必须确定水管插入长度并划线作好标记，并确认 O 形密封圈已安装在正确位置上。

4）如水管插入管件过紧，不得使用油脂类润滑，以免油脂使橡胶密封圈变形，造成卡压失效而漏水（可用清洁水润滑）。

5）将管材垂直插入卡压式管件中，不得歪斜，以免 O 形密封圈割伤或脱落造成漏水。插入后，立即确认管材上所划标记线距端部的距离，公称直径 15～25mm 时为 3mm；公称直径 32～65mm 时为 5mm。

（3）管材的切割应采用专用切割机具

1）管材应采用机械或等离子方法切割；采用砂轮切割或修磨时应使用专用砂轮片。

2）管材端面不圆，而无法插入管件时，应使用专用整形器将管材断面整形至可插入管件承口底端为止。

（4）管材切口质量要求

1）切口端面应平整，无裂纹、毛刺、凹凸、缩口、残渣等。

2）切口端面的倾斜（与管中心轴线垂直度）偏差不应大于管材外径的5％，且不得超过3mm；凹凸误差不得超过1mm。

（5）环压钳的选用

不锈钢管道环压连接，应根据管道公称直径选用相应规格型号的环压钳。具体规格见表5-2。

环压钳规格 表5-2

管道公称直径 DN(mm)	5	20	25	32	40	50	65	80	100
环压钳规格		HYQ20		HYQ32		HYQ50		HYQ100	

（6）环压连接技术要求（表5-3）

环压连接技术要求 表5-3

公称直径 DN (mm)	管材外径 D_0 (mm)	密封带长度 L (mm)	锁紧槽外径 D_1 (mm)	密封端外径 D_2 (mm)
15	16.00±0.12	14.0±1.0	15.80～16.30	17.10～17.60
20	19.00±0.12	14.5±1.0	18.80～19.40	20.20～20.80
25	25.40±0.15	15.0±1.0	24.90～25.60	26.30～27.00
32	31.80±0.15	15.0±1.0	31.00～31.80	33.10～33.90
40	40.00±0.18	19.0±1.2	39.20～40.20	41.50～42.50
50	50.80±0.20	19.0±1.2	49.70～50.80	52.50～53.60
65	63.50±0.23	22.0±1.2	61.50～62.80	65.00～66.30
80	76.00±0.25	22.0±1.2	74.40～75.80	78.20～79.60
100	102.00±0.50	22.0±1.2	99.40～101.00	103.90～105.40

（7）环压连接操作

1）选择好与管材管件规格相应的环压钳；将环压模具安装

到钳头上（上下环压模具着色面必须一致），组装好钳口和压块即可进行环压连接操作。在压接前，每压接 3～5 个管件都要在上、下压块四角压齿上加少许润滑油，操作前应保持上下环压钳内模具清洁。

2）用专用切管工具按所需长度切管，切口应平整，同时应去除端口毛刺。

3）为克服因管材不圆无法插入管件和避免在插管时管材割伤密封圈，用专用整形器对加工管材断面整形。

4）除去管材保护膜，将管材插入管件承口至底端，并用划线笔沿管件边缘在管材外壁上划线，然后抽出管材。

5）先将管材插入管件承口并到底端，沿管件边缘在管材上划线；再将密封圈套在管材上，插入承插口底端，使管材深度标记与管件边缘对齐，最后把密封圈推入管件与管材之间的间隙内（密封腔内）。

6）将管件的环压连接部位按管材端朝向着色面，将管件密封部位置于上下环压模具钳头的上下压块之间；管件和管材必须垂直于环压模具着色面方可进行环压操作。环压时，操作油泵对环压钳施压，直至上下环压模具完全闭合，稳压 3s 后卸压，环压操作完成。

（8）环压操作完成后的检查

1）其环压部位质量应符合表中技术参数要求，并应做如下检查：①密封端压接部位 360℃压痕应凹凸均匀；②管件端面与管材结合应紧密无间隙；③管件端面与管材压合缝挤出的密封圈的多余部分能自然断掉或简便去除。

2）如因压块或工具损坏造成环压不到位，应用正常工具再做一次环压，并应再次检查压接部位质量。

3）当与过渡螺纹接头连接时，应在拧紧螺纹后再进行一次环压。

4）公称直径 65～100mm 的管材与管件的环压连接，除按上述操作外，还需做二次环压，二次环压时，将环压钳向管材方向平移一个密封带长度，将压块靠近管件密封圈根部，加压至上下压块无间隙。

5）当环压连接质量达不到要求时，应成套更换环压钳模具组件或将模具送修。卡压不当处，可用正常工具再做卡压，并应再次采用六角量规确认。

（9）薄壁不锈钢管道系统与其他管材管件连接

1）当与转换螺纹接头连接时，应在锁紧螺纹后再进行卡压。

2）公称直径为 15～50mm 的管道系统与其他管材连接时应采用环压连接薄壁不锈钢管专用的转换连接件螺纹连接或法兰连接。

3）公称直径为 65～100mm 的管道系统与其他管材连接时应采用法兰连接。

（10）薄壁不锈钢管道支承件间距的设置一般应按设计要求，设计无要求时按表 5-4 选择设置。

不锈钢管支承件的最大间距　　　　表 5-4

管道公称直径 DN（mm）	15	20	25	32	40	50	65	80	100
立管最大间距（m）	2.0	2.0	2.5	2.5	3.0	3.0	3.0	3.0	3.5
水平管最大间距（m）	1.8	2.0	2.5	2.5	3.0	3.0	3.0	3.0	3.5

（11）管道试验

1）管道安装中应当分区，尽可能采用局部完工局部试压的方法。

2）一般水压试验压力为最高实际工作压力的 1.5 倍，试验压力后严密性保压时间不得低于 30min。

（12）质量检查

安装完成后，组织人员对不锈钢管安装质量进行检查。

（13）成品保护

1）施工现场应保持清洁，文明操作，水管及管件不应与杂乱异物随意堆放和践踏。

2）对员工进行成品保护意识教育，强调成品保护对施工质量保证的重要性。

3）对已完工产品加强看护管理，做好留口处的包扎保护，防止异物进入管内。

4）施工现场各个工种作业井然有序，成品保护良好。

2. 聚丙烯（PP-R）管道施工

（1）材料（PP-R 管材、管件）、工具

1）建筑给水聚丙烯管材和管件，应有省级（含）以上质量检验部门的产品合格证和产品卫生检验合格证明，并应有关部门的产品推广许可证。

2）管材上应标明规格、型号、管系列、生产厂名或商标、生产日期；管材上应有明显的商标和规格代号；外包装上应有生产厂名、地址、电话、管材及管件名称、规格、批号、数量、生产日期、管系列、检验代号和注意事项；内包装应有质量合格证。

3）管道热熔连接时，应采用专用配套的熔接管件和工具。熔接工具应安全可靠，操作简便，并附有产品质量合格证书和使用说明书。

4）管道采用法兰连接时，应采用专用的法兰连接件。

5）管材和管件宜选用同一原料生产的产品。

（2）管材和管件的外观质量应符合下列规定：

1）管材和管件的内、外壁应光滑平整，无气泡、裂口、裂纹、砂孔、脱皮、凹陷、毛刺和明显的痕纹；管壁颜色一致，无色泽不均、严重变形和分解变色线。

2）管材和管件不应含有可见杂质。

3）管材的端面应切割平整，并垂直于管材的轴线。

4）管件应完整、无缺陷、无变形；合模缝浇口应平整、无开裂。

5）管材宜采用白色或灰色。

（3）管材的规格尺寸与允许偏差应符合表 5-5 的规定。

管材的规格尺寸与允许偏差 (mm)　　　　　表 5-5

公称外径 De	平均允许偏差	壁厚 e									
		管系列 S(公称压力 MPa)									
		S5(PN1.0)		S4(PN1.25)		S3.2(PN1.6)		S2.5(PN2.0)		S2(PN2.5)	
		基本尺寸	允许偏差	基本尺寸	允许偏差	基本尺寸	允许偏差	基本尺寸	允许偏差	基本尺寸	允许偏差
20	+0.3	2.3	+0.4	2.3	+0.4	2.8	+0.4	3.4	+0.5	4.1	+0.6
25	+0.3	2.3	+0.4	2.8	+0.4	3.5	+0.5	4.2	+0.6	5.1	+0.7
32	+0.3	2.9	+0.4	3.6	+0.5	4.4	+0.6	5.4	+0.7	6.5	+0.8
40	+0.4	3.7	+0.5	4.5	+0.6	5.5	+0.7	6.7	+0.8	8.1	+1.0
50	+0.5	4.6	+0.6	5.6	+0.7	6.9	+0.8	8.3	+10.	10.1	+1.2
63	+0.6	5.8	+0.7	7.1	+0.9	8.6	+1.0	10.5	+1.2	12.7	+1.4
75	+0.7	6.8	+0.8	8.4	+1.0	10.3	+1.2	12.5	+1.4	15.1	+1.7
90	+0.9	8.2	+1.0	10.1	+1.2	12.3	+1.4	15.0	+1.7	18.1	+2.0
110	+0.9	10.0	+1.1	12.3	+1.4	15.1	+1.7	18.3	+2.0	22.1	+2.4

注：管材长度一般为 4m，也可根据用户要求协商决定。管材长度的允许偏差为 +0.4%。

（4）管材管系列 S 值的选择应符合表 5-6a 和表 5-6b 的规定。

冷水管管系列 S 的选择　　　　　表 5-6a

管系列 S	5	4	3.2	2.5	2
公称压力(MPa)	1.0	1.25	1.6	2.0	2.50
工作压力(MPa)	0.6	0.8	1.0	1.3	1.65

热水管管系列 S 的选择　　　　　表 5-6b

工作压力(MPa)	管系列 S			
	级别 1	级别 2	级别 4	级别 5
0.4	5	5	5	4
0.6	5	3.2	5	3.2

工作压力（MPa）	管系列 S			
	级别 1	级别 2	级别 4	级别 5
0.8	3.2	2.5	4	2
1.0	2.5	2	3.2	—

注：热水管使用条件级别见表 5-6c。

热水管使用条件级别表（寿命 50 年）　表 5-6c

应用等级	工作温度 T（℃）	T 下的时间（年）	最高工作温度 T_{max}（℃）	T_{max} 下的时间（年）	故障温度 T_{mal}（℃）	T_{mal} 下的时间（h）	典型的应用领域
1	60	49	80	1	95	100	热水供应（60℃）
2	70	49	80	1	95	100	热水供应（70℃）
4	20	25	70	25	100	100	地板取暖和低温散热器
	累积						
	40	20					
	累积						
	60	25					
5	20	14	90	1	100	100	高温散热器
	累积						
	60	25					
	累积						
	80	10					

（5）管材和管件表示方法如下：

1）管材：① 管系列——用 S 表示。

② 公称外径——用 De 表示。

③ 管壁厚——用 e 表示。例：$S5De32 \times 2.9$

2）管件：① 干管端口公称内径——用 ds 表示。

② 支管端口公称内径——用 ds 表示。

③ 管系列——用 S 表示示例：等径管件：$ds20S5$；

异径管件：$ds32×20S5$；

螺纹管件：$ds20×1/2''S5$。

（6）热熔连接管件承口尺寸应符合图 5-3 和表 5-7 的规定。

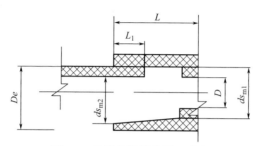

图 5-3　热熔连接管件承口示意

注：L_1 为最小承口深度。

热熔连接管件承口尺寸（mm）　　表 5-7

承口公称内径 ds	最小承口深度 L_1	承口的平均内径				最大不圆度	最小通径 D
		ds_{m1}		ds_{m2}			
		最小	最大	最小	最大		
20	14.5	18.8	19.3	19.0	19.5	0.6	13
25	16.0	23.5	24.1	23.8	24.4	0.7	18
32	18.1	30.4	31.0	30.7	31.3	0.7	25
40	20.5	38.3	38.9	38.7	39.3	0.7	31
50	23.5	48.3	48.9	48.7	49.3	0.8	39
63	27.4	61.1	61.7	61.6	62.2	0.8	49
75	31.0	71.9	72.7	73.2	74.0	1.0	58.2
90	35.5	86.4	87.4	87.8	88.8	1.2	69.8
110	41.5	105.8	106.8	107.3	108.5	1.4	85.4

注：① ds 为对应于同规格管材的公称外径。

② 承口壁厚不应小于同规格管材的壁厚。

③ ds_{m1} 为承口根部内径，ds_{m2} 为承口端部内径。

73

（7）电熔连接管件的承口尺寸应符合图5-4和表5-8的规定。

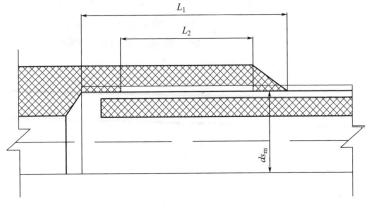

图 5-4　电熔连接管件承口示意

电熔连接管件承口尺寸（mm）　　　　　表 5-8

公称内径 ds	熔合段最小内径 ds_m	熔合段最小长度 L_2	插入长度 L_1	
			min	max
20	20.1	10	20	37
25	25.1	10	20	40
32	32.1	10	20	44
40	40.1	10	20	49
50	50.1	10	20	55
63	63.2	11	23	63
75	75.2	12	25	70
90	90.2	13	28	79
110	110.3	15	32	85

（8）PP-R管道安装工程施工时应具备下列条件：

1）施工图纸及其他技术文件齐全。

2）有批准的施工组织设计或施工方案，并进行了技术交底。

3）材料机具等准备就绪，能满足施工要求。

4）施工人员应通过建筑给水聚丙烯管道安装技术培训。

5）管材管件必须符合设计要求，并附有产品说明书和质量合格证书。施工前应进行质量检验。不合格管材管件不得使用。

6）施工前应复核冷、热水管的压力等级和使用场所，冷、热水管不得混淆堆放。管道标识应面向外侧，并便于查找。

7）施工现场应有材料存放库房，不得露天存放，防止阳光直射，并注意防火安全。

8）管材应水平堆放在平整的地面（板面）上，防止管材弯曲，堆放高度不得超过 1.5m，管材应有标识。

9）管道安装

①室内明敷管道，宜在墙面粉刷层（饰面层）完毕后进行安装。

②室内暗敷的管道，应在内墙面、楼（地）面施工前进行安装，安装暂停时，敞开的管口应临时封堵。

③管道安装时，纵、横轴线不得扭曲，穿墙或穿楼板时，不宜强制校正管道。

④管道与其他金属管道平行敷设时，管道之间应有不小于100mm 的净保护距离，且聚丙烯管道宜在金属管内侧；管道不得敷设在热水管或蒸汽管的上方，且平面位置应错开；与其他管道交叉时，应采取相应的保护措施。

⑤管道暗敷在地坪面层下时，应按设计图纸的要求准确定位，施工时如需设计变更，应做好设计变更和隐蔽工程记录。

⑥管道嵌墙暗敷设时，应配合土建预留管槽，当设计无要求时，管槽的深度应比管道外径大 20mm，宽度应比管道外径大40～60mm，管槽内、外必须平整、顺直，管道试压合格后，应做好水压试验和隐蔽工程记录，管槽应用 M7.5 级水泥砂浆填实。

⑦ 热水管道穿墙壁时，应预埋钢套管，冷水管道穿墙壁时，应预留孔洞，洞口尺寸应比管道外径大 40mm。

⑧ 管道穿楼板时，应设置钢套管，套管应高出楼（地）面 50mm；管道穿楼板、屋面，应采取严格的防水措施，且在管道安装前用线坠找出固定支架位置，将固定支架安装牢固。

⑨ 在室内地下的管道敷设时应在土建回填土夯实后，再开挖安装管道。埋地管道回填时，应用砂土或粒径不大于 5mm 的土壤回填至管顶 300mm 处进行夯实。室内埋地管道的覆土厚度应不小于 300mm。严禁将管道安装在松土上。

⑩ 管道出地坪处应设置保护管，其高度应高出地坪 100mm。

⑪ 管道穿过基础时，必须设置金属套管。套管与基础墙预留孔上方的净空，若设计无规定时不应小于 100mm。

⑫ 室外埋地引入管应敷设在冰冻线以下，一般覆土厚度不应小于 700mm，并应采取相应的保护措施。

10）管道连接

① 同种材质的给水聚丙烯管材与管件应采用热熔连接或电熔连接，安装时应采用配套的专用热熔工具。

② 给水聚丙烯管道与金属管道、阀门及配水管件连接时，应采用带金属嵌件的聚丙烯过渡管件，该管件与聚丙烯管应采用热熔连接，与金属管及配件应采用丝扣或法兰连接。

③ 暗敷在地坪面层下或墙体内的管道，不得采用丝扣或法兰连接。

11）管道热熔连接时应符合下列规定：

① 接通热熔专用工具电源，待其达到设定工作温度后，方可操作。

② 管道切割应使用专用的管剪或管道切割机，管道切割后的断面应去除毛边和毛刺，管道的截面必须垂直于管轴线。

③ 熔接时，管材和管件的连接部位必须清洁、干燥、无油。

④ 管道热熔时，应量出热熔的深度，并做好标记，热熔深

度可按表 5-9 的规定。

热熔连接技术要求　　　　　　表 5-9

公称外径(mm)	热熔深度(mm)	加热时间(s)	加工时间(s)	冷却时间(min)
20	14	5	4	3
25	16	7	4	3
32	20	8	4	4
40	21	12	6	4
50	22.5	18	6	5
63	24	24	6	6
75	26	30	10	8
90	32	40	10	8
110	38.5	50	15	10

注：在环境温度小于 5℃时，加热时间应延长 50%。

⑤ 安装熔接弯头或三通时，应按设计要求，注意其方向，在管件和管材的直线方向上，用辅助标记，明确其位置。

⑥ 连接时，把管端插入加热套内，插到所标记的深度，同时把管件推到加热头上达到规定标记处。加热时间应满足表 5-9 的规定。

⑦ 达到加热时间后，立即把管材与管件从加热套与加热头上同时取下，迅速无旋转、直线均匀地插入到所标深度，使接头处形成均匀凸缘。

⑧ 在表 5-9 规定的加工时间内，刚熔好的接头还可校正，但严禁旋转。

12）当管道采用电熔连接时，应符合下列规定：

① 保持电熔管件与管材的熔合部位不受潮。

② 电熔承插连接管材的连接端应切割垂直，并应用洁净棉布擦净管材和管件连接面上的污物，标出插入深度，刮净其

表面。

③ 调直两面对应的连接件，使其处于同一轴线上。

④ 电熔连接机具与电熔管件的导线连接应正确。应检查通电加热的电压，加热时间应符合电熔连接机具与电熔管件生产厂家的有关规定。

⑤ 在电熔连接时，在熔合及冷却过程在中，不得移动、转动电熔管件和熔合的管道，不得在连接件上施加任何压力。

⑥ 电熔连接的标准加热时间应由生产厂家提供，并应根据环境温度的不同而加以调整。电熔连接的加热时间与环境温度的关系可参考表 5-10 的规定。若电熔机具有自动补偿功能，则不需调整加热时间。

电熔连接的加热时间与环境温度的关系　　　表 5-10

环境温度 $T(\text{℃})$	修正值	加热时间举例(s)
-10	$T+12\%T$	112
0	$T+8\%T$	108
$+10$	$T+4\%T$	104
$+20$	标准加热时间 T	100
$+30$	$T-4\%T$	96
$+40$	$T-8\%T$	92
$+50$	$T-12\%T$	88

13）当管道采用法兰连接时，应符合下列规定：

① 将相同压力等级的法兰盘套在管道上。

② PP-R 过渡接头与管道热熔连接步骤应符合 11）条的规定。

③ 调直两对应的连接件，使连接的两片法兰垂直于管道轴线，表面相互平行。

④ 管道接口处的密封圈，应采用耐热、无毒、耐老化的弹

性垫圈。

⑤ 应使用相同规格的螺栓，安装方向应一致。螺栓应对称拧紧，紧固好的螺栓应露出螺母以外 2～3 扣丝，宜平齐。螺栓、螺母宜采用镀锌或镀铬件。

⑥ 安装连接管道的几何尺寸要正确。当紧固螺栓时，不应使管道产生轴向拉力。

⑦ 法兰连接部位应设置支、吊架。

14）支、吊架安装

① PP-R 管安装时，必须按不同管径设置管卡或吊架，位置应正确，埋设要牢固平整，管卡与管道接触应紧密，但不得损伤管道表面。

② 采用金属管卡或支、吊架时，与管道接触部分应加塑料或橡胶软垫。在金属管配件与聚丙烯管道连接接触部位，管卡应设在金属配件一侧，并应采取防止接口松动的技术措施。

③ 敷设的管道设有伸缩节时，应按固定点要求安装固定支架。

15）PP-R 水压试验在设计无要求时，应符合以下规定：

① 冷水管的试验压力，应为系统工作压力的 1.5 倍，但不得小于 0.6MPa。

② 热水管的试验压力，应为系统工作压力的 2.0 倍，但不得小于 1.5MPa。

③ 热熔、电熔连接的管道，水压试验应在管道连接 24h 后进行。

④ 水压试验宜分段进行，试验管段的总长度不宜超过 500m。

⑤ 水压试验时宜从管道最低处缓慢向管道内充水，应在管道最高处和管道末端排出管道内的空气，达到规定的试验压力时，应稳压 1h，压力降不得超过 0.05MPa；而后在工作压力 1.15 倍状态下，稳压 2h，压力降不得超过 0.03MPa。

⑥ 水压试验合格后，应按规定做好记录并经监理工程师签

字，方可进行下道工序施工。

3. 铜管工艺流程

（1）铜管安装应符合下列要求：

1）管道切割可采用手动或机械切割，不得采用氧气-乙炔火焰切割，切割时，应防止操作不当使管材变形，管材切口的端面应与管材轴线垂直，切口处的毛刺等应清理干净。

2）管道坡口加工应采用锉刀或坡口机，不得采用氧气-乙炔火焰切割加工。夹持铜管用的台虎钳钳口两侧应垫以木板衬垫。

（2）预制管道时应测量正确的实际管道长度在地面预制后，再进行安装。有条件的应尽量用铜管直接弯制的弯头。多根管道平行时，弯曲部位应一致，使管道整齐美观。

（3）管道煨弯不宜热煨、一般外径在 108mm 以下采用压制弯头或焊接弯头。铜弯管的直边长度应不小于管外径，且不小于 30mm。弯管的加工还应根据管道的材质、管径和设计等条件来决定。

（4）采用铜管加工补偿器时，应先将补偿器预制成型后再进行安装。采用定型产品套筒式或波纹管式补偿器时，也宜将其与相邻管材预制成管段后再进行安装，特别是选用不锈钢等异种材料需与铜管钎焊连接的补偿器时，一般应将补偿器与铜管先预制成管段后，再进行安装。敷设管道所需的支吊架，应按施工图标明的形式和数量进行加工预制。

（5）铜管机械连接、焊接连接应符合下列要求：

1）铜管钎焊连接前应先确认管材、管件的规格尺寸是否满足连接要求。依据图纸现场实测配管长度，下料应正确。

2）钎焊强度小，一般焊口采用搭接形式。搭接长度为管壁厚度的 6～8 倍，管道的外径 D 小于等于 28mm 时，搭接长度为 $(1.2～1.5) D$。

3）焊接前应对铜管外壁和管件内壁用细砂纸、钢毛刷或含其他磨料的布砂纸擦磨，清除表面氧化物。

4）焊接过程中，焊嘴应根据管径大小选用得当，焊接处及焊条应加热均匀。不得出现过热现象，焊料渗满焊缝后应立即停止加热，并保持静止，自然冷却。

5）铜管与铜合金管件或铜合金管件与铜合金管件间焊接时，应在铜合金管件焊接处使用助焊剂，并在焊接完后，清除管道外壁的残余熔剂。

6）覆塑铜管焊接时应剥出长度不小于 200mm 裸铜管，并在两端缠绕湿布，焊接完成后复原覆塑层。

7）钎焊后的管件，必须在 8h 内进行清洗，除去残留的熔剂和熔渣。常用煮沸的含 10%～15% 的明矾水溶液或含 10% 柠檬酸水溶液涂刷接头处，然后用水冲擦干净。

8）焊接安装时应尽量避免倒立焊。

（6）铜管采用卡套连接应符合下列规定：

1）管口断面垂直平整，且应使用专用工具将其整圆或扩口。

2）应使用活络扳手或专用扳手，严禁使用管钳旋紧螺母。

3）连接部位宜采用二次装配，当一次完成时，螺母拧紧应从力矩激增点后再旋转 1/4～1 圈，使卡套刃口切入管子，但不可旋得过紧。

（7）铜管冷压连接应符合下列规定：

1）应采用专用压接工具。

2）管口断面应垂直平整，且管口无毛刺。

3）管材插入管件的过程中，密封圈不得扭曲变形。

4）压接时，卡钳端面应与管件轴线垂直，达到规定压力后再延长 1～2s。

（8）黄铜配件与附件螺纹连接时，宜采用聚四氟乙烯生料带，连接时，应用手拧 2～3 扣再用扳手一次拧紧，不得倒拧，拧紧后应留 2～3 扣丝扣。

（9）各种松套法兰规格应满足设计要求，垫片可采用耐温夹布橡胶板或铜垫片等。法兰连接应采用镀锌螺栓，对称拧紧。

（10）支架及管道安装应符合下列要求：

管道穿过墙壁、楼板及埋墙暗装时，应配合土建预留洞、预留槽，其预留洞、槽尺寸可按以下规定执行：

1）孔洞尺寸宜比管道外径大 50～100mm。

2）埋墙暗管墙槽尺寸的宽度可为管道外径加 50mm，深度为管道外径加 15～30mm。

3）架空管顶上部的净空不宜小于 200mm。

4）管道穿过地下室或地下构筑物外墙时，应预埋防水套管且应做好防水措施。

5）明管安装，其外壁或保温层外表面与装饰墙面的净距离宜为 10～15mm。

6）暗装管道（指地沟、顶棚、管井等）距墙面、柱面的距离应根据管道支架的安装要求和管道的固定要求等条件确定，管道中心距墙面、柱面的距离可按表 5-11 确定。

距墙面、柱面的最大距离 （mm）　　　　　表 5-11

公称内径 DN	光管	保温管
15	90	130
20	95	135
25	100	140
32	110	150
40	115	155
50	120	160
65	130	175
80	145	185
100	155	195
125	170	210
150	180	225
200	210	260

7）铜管固定支架间距应符合设计要求。热水管固定支架间

距的确定应根据管线伸缩量、伸缩接头允许伸缩量等确定。固定支架宜在变径、分支、接口及穿越承重墙、楼板的两侧等处设置。

8）铜管的活动支架间距可按表5-12。

支架间距　　　　　　　　　　表 5-12

公称内径 DN（mm）	垂直管道间距（m）	水平管道间距（m）
15	1.8	1.2
20	2.4	1.8
25	2.4	1.8
32	3.0	2.4
40	3.0	2.4
50	3.0	2.4
65	3.5	3.0
80	3.5	3.0
100	3.5	3.0
125	3.5	3.0
150	4.0	3.5
200	4.0	3.5

9）管道支架宜采用铜合金制品，当采用钢支架时，管道与支架间应设软隔垫。

10）管道系统安装间歇的敞口处，应及时封堵。

11）管道不得用作吊、拉、攀件使用。

12）支架安装应平整牢固，间距和规格应符合设计要求。管道穿过墙壁及楼板应加钢套管，套管与管道之间缝隙应用阻燃密实材料和防水油膏填实。

（11）补偿器安装应符合下列要求：

1）方（圆）形补偿器水平安装时，应与管道坡度一致；垂直安装时，高点应有排气装置。

2）安装补偿器，应按设计要求做预拉。如设计无要求，套管补偿器预拉伸应符合表5-13的要求。方形补偿器预拉长度为其伸长量的一半，安装铜波纹形补偿器时，其直管长度不得小于100mm。

套管补偿器预拉长度　　　　　表5-13

补偿器规格(mm)	15	20	25	32	40	50	65	80	100	125	150
拉出长度(mm)	20	20	30	30	40	40	56	59	59	59	63

（12）阀门安装应符合下列要求：

1）安装前应检查核对型号规格，是否符合设计要求。检查阀杆和阀盘是否灵活，有无卡阻和外斜现象，阀盘必须关闭严密。

2）安装前，必须对阀门进行强度和严密性试验，不合格不得进行安装。

（13）管道试压应符合下列要求：

1）应按设计要求进行水压或气密性试验。当设计无要求时，试验压力应为管道系统工作压力的1.5倍，但不得小于0.6MPa。

2）试验前，对试压管道应采取安全有效的固定和保护措施。管道接头部位应明露。

3）水压试验合格后可进行后续土建施工。水压试验时，应做好记录并经监理工程师确认，以备查或存档。

4）水压试验应按下列步骤进行：

① 将试验管道末端封堵，缓慢注水，同时将管内气体排出。

② 管道系统充满水后，进行严密性检查，达到试验压力后，停止加压，观测10min，压力降不超过0.02MPa；再降到工作压力进行检查，不渗不漏为合格。

（14）用于生活饮用水的管道在水压试验合格后，应用清水冲洗、消毒后再用饮用水冲洗，经有关部门检查合格方可使用。

（15）设计规定需要保温的管道，其保温施工应在水压试验合格后进行。所用的保温材料品种和厚度，必须符合设计要求，施工方法应符合该保温材料规定的要求。

（16）质量要求

1）主控项目

① 管材、部件、焊接材料等，型号、规格，质量必须符合设计要求和本章有关规定。检查方法：检查合格证、验收或试验记录。

② 阀门的规格、型号和强度、严密性试验及需要做解体检验的阀门，必须符合设计要求和本章有关规定。

③ 水压试验，必须符合设计要求和本章有关规定。检查方法：检查分段和系统试验记录。

④ 焊缝表面不得有裂纹、烧穿、结瘤和严重的夹渣、气孔等缺陷。有特殊要求的焊口必须符合有关规定。检查方法：用放大镜观察检查。有特殊要求的焊口，检查试验记录。按系统抽查10％，但不少于5个。

⑤ 管口翻边表面不得有皱折、裂纹和刮伤等缺陷。检查方法：观察检查。按系统抽查10％，但不少于5个。

⑥ 脱脂忌油的管道、部件、垫片和填料等，脱脂后必须符合设计要求和有关规定。检查方法：检查脱脂记录。按系统全部检查。

⑦ 弯管表面不得有裂缝、分层、凹坑和过烧等缺陷。检查方法：按系统抽查10％，但不少于3件。

⑧ 焊缝探伤检查：黄铜气焊焊缝的射线探伤必须按设计或有关规定的数量检验。工作压力在10MPa以上者，必须符合表5-14第2项的规定；工作压力在10MPa以下者，必须符合表5-14第3项的规定。检查方法：检查探伤记录，必要时可按规定检验的焊口数抽查10％。

管道焊缝探伤检验标准   表 5-14

项次	裂纹	未熔合	质量检验标准					
			未焊透	气孔		夹渣(mm)		
				壁厚(mm)	数量(焊口)	单个条状夹渣长	条状夹渣总长	条状夹渣间距
1	不允许	不允许	不允许	2.0～5.0	0～2	不允许	不允许	不允许
				5.0～10.0	2～3			
				10.0～20.0	3～4			
				20.0～50.0	4～6			
2	不允许	不允许	不超过 δ 的 10%,最大不超过 2mm,长度不得超过夹渣总长度	2.0～5.0	2～4	1/3δ,但最小可为 4,最大不超过 20	在 12δ 长度内不得超过 δ,或在任何长度不超过单个条状渣长度	6L,间距小于 L 时,不超过单个条状夹渣长度
				5.0～20.0	4～6			
				10.0～20.0	6～8			
				20.0～50.0	8～12			
3	不允许	不允许	不超过 δ 的 15%,最大不超过 2mm,长度不得超过夹渣总长度	2.0～5.0	3～6	2/3δ,但最小可为 δ,最大不超过 30	在 6δ 长度内不得超过 δ,或在任何长度内不超过单个条状夹渣长度	3L,间距小于 3L 时,夹渣总长度不超过单个条状夹渣长度
				5.0～10.0	6～9			
				10.0～20.0	9～12			
				20.0～50.0	12～18			

⑨ 焊接机械性能检验：焊接接头的机械性能必须符合表 5-15 的规定。检查方法：检查试验记录。

铜、黄铜焊接接头机械性能   表 5-15

项次	项目			
1	抗拉强度(MPa)	黄铜气焊	$PN \leqslant 10\text{MPa}$	200°～350°
			$PN > 10\text{MPa}$	330°～350°

项次	项目			
2	冷弯角度	黄铜气焊	$PN \leqslant 10MPa$	$d=2S, \geqslant 120°$
			$PN > 10MPa$	$d=2S, \geqslant 180°$
3	常温冲击	黄铜气焊	$PN > 10MPa$	$> 100°$
4	抗剪强度(MPa)	料301	紫铜-紫铜钎焊	$> 160°$
			黄铜-黄铜钎焊	$> 160°$
		料302	紫铜-紫铜钎焊	$> 180°$
			黄铜-黄铜钎焊	$> 180°$
		料601	紫铜-紫铜钎焊	$> 250°$
			黄铜-黄铜钎焊	$> 250°$
		料603	紫铜-紫铜钎焊	$> 220°$

⑩ 管道系统的清洗、吹洗必须按设计要求和有关规定进行。检查方法：检查清洗、吹洗记录。按系统全检。

2）一般项目

① 支、吊、托架的安装位置正确、平整、牢固、支架与铜管之间应用石棉橡胶垫、软金属垫或木垫隔开，且接触紧密。活动支架的活动面与支承面接触良好，移动灵活。吊架的吊杆应垂直，丝扣完整，防腐良好。检查方法：用手拉动和观察检查。按系统抽查10%，但不少于3件。

② 管道坡度应符合设计要求和本章的有关规定。检查方法：用水平尺检查。按系统每50m直线管段抽查2段，不足50m抽查一段。

③ 补偿器安装，两臂应平直，不应扭曲，外圆弧均匀。水平安装时，坡度应与管道一致。波纹及填料式补偿器安装的方向应正确。检查方法：观察和用水平尺检查。按系统全部检查。

④ 阀门安装位置、方向应正确，连接牢固、紧密、灵活。有特殊要求的阀门应符合有关规定。检查方法：观察和做启闭检查或检查试验记录。按系统抽查各类阀门抽查10%，但不应少

于 2 个。有特殊要求的阀门应全部检查。

⑤ 法兰连接应紧密、平行、同轴，与管道中心线垂直。螺栓受力应均匀，并露出螺母 2～3 扣丝，垫片安装正确。松套法兰管口翻边折弯处为圆角，表面无皱折、裂缝和刮伤。检查方法：用扳手试拧、观察和用尺检查。按系统各抽查 10％，但不应少于 3 处，有特殊要求的法兰应全部检查。

⑥ 铜管安装的允许偏差应符合表 5-16 的规定。

紫铜、黄铜管道安装工程的允许偏差和检验方法　表 5-16

项次	项目			允许偏差		检验方法
1	焊口平直度	管壁厚度（mm）	≤10	管壁厚的 1/3		—
			>10	1mm		
2	焊缝加强层	高度		+1mm		用焊接检验尺检查
		宽度		+1mm		
3	咬边	深度		<0.5mm		用尺和焊接检验尺检查
		长度	连续长度	10mm		
			总长度（两侧）	小于焊缝长度的 25％		
4	坐标及标高	室外	埋地	25mm		检查测量记录或用经纬仪、水准仪（水平尺）直尺拉线和用尺量检查
			地沟、架空	15mm		
		室内	架空	10mm		
			地沟	15mm		
5	水平管道纵、横方向弯曲度	DN≤100mm		0.001	最大 20	用水平尺、直尺和拉线检查
		DN>100mm		0.0015		
6	立管垂直度	—		0.002	最大 15	用尺和水平尺吊线检查

项次	项目		允许偏差		检验方法
7	成排管段	在同一平面上	5mm		用尺和拉线检查
		间距	+5mm		
8	交叉	管外壁和保温层	+10mm		用尺检查
9	弯管椭圆率	紫铜	9%		用尺和外卡钳检查
		黄铜	8%		
10	弯管弯曲角度	PN ≤10MPa	每米	±3mm	用样板和尺检查
			最长	±10mm	
		PN >10MPa	每米	±1.5mm	
11	弯管折皱不平度	PN >10MPa	2mm		用尺和外卡钳检查
12	N形补偿器外形尺寸	悬臂长度	10mm		用尺和拉线检查
		平直度	每米	≤3mm	
			全长	≤10mm	
13	补偿器预拉伸长度	N形	±10mm		检查预拉伸记录
		填料式、波型	±5mm		

（17）应注意的质量问题

1）铜管的切割、坡口加工必须用冷加工的方法进行。

2）管材内外表面应光洁、清洁、不应有针孔、裂纹、皱皮、分层、粗糙、拉道、夹杂、气泡等缺陷。黄铜管不得有绿锈和严重脱锌。

3）铜管的不圆度，不得超过外径的允许偏差。铜管端部应平整无毛刺。铜管内外表面不得有超过外径和壁厚允许偏差的局部凹坑、划伤、压入物、碰伤等缺陷。

4）翻边连接的管道，应保持同轴，其偏差为：DN 未超过 50mm 时，不大于 1mm；DN 超过 50mm，不大于 2mm。

（18）成品保护

1）管材、管件在施工中应妥善保管，应单独堆放，不得混淆损坏。应避免与其他管道等接触。

2）中断施工时，管口应封堵。再进行安装时要检查管内有无异物。

3）敷设在地沟内的管道，施工前要清理管沟的杂物；严禁对已安装好的管道踩蹬，并及时盖好地沟盖板。

4）弯管工作应在螺纹加工后进行，应对螺纹采取保护措施。

5）安装在墙上、混凝土柱上和地沟内的支架，宜在土建工程施工时配合预留洞或预埋铁件，不宜任意打洞。

6）管道安装时，应防止管道表面被砂石或其他硬物划伤。

7）未交工验收前，施工单位要专门组织成品保护人员，24h 有人值班。确保安全。

8）经酸洗或纯化，或者脱脂合格后的管道，安装前仍应采取有效保护措施。

六、排水管道安装

（一）排水管道的布置与敷设

（1）排水管道的布置

1）排水立管应设在靠近最脏、杂质最多的排水点处，污水管道的布置应尽量减少不必要的转角及曲折，尽量做直线连接。

2）生活污水立管不得穿越卧室、病房等对卫生、安静要求较高的房间，并不宜靠近与卧室相邻的内墙。

3）明装的排水管道应尽量沿墙、梁、柱作平行设置，以保持美观。

4）管道的安装位置应有足够的空间以利于拆换管件和进行清通和维护。

5）排水出户管一般按坡度要求埋设于地下，并宜以最短的距离通至室外。

6）排水管道不得布置在食堂、饮食业的主副食操作烹调上方。

7）排水管道不得穿过沉降缝、伸缩缝、烟道和风道。

8）排水管道不得布置在遇水引起燃烧、爆炸或损坏的原料、产品和设备的上面。

9）当排出管与给水引入管布置在同一处进出建筑物时，排出管与给水引入管的水平距离不得小于 1.0m。

（2）排水管道的敷设与安装要求

1）在标准较高的建筑内所有的排水管道均暗装。

2）管道的连接方式应满足下列要求：

卫生器具排水管与排水横支管连接时，可采用 90°斜三通；排水管道的横管与横管、横管与立管的连接，宜采用 45°三通、45°四通、90°斜三通、90°斜四通；排水立管与排出管端部的连接，宜采用两个 45°弯头或弯曲半径不小于 4 倍管径的 90°弯头；排水管应避免在轴线偏置，当受条件限制时，宜采用乙字弯管或两个 45°弯头连接；排水管与室外排水管道连接，排出管管顶标高不得低于室外排水管管顶标高。其连接处的水流转角不得小于 90°，当有大于 0.3m 的跌落差时，可不受角度限制。

3）排水管必须采取可靠的固定措施，立管必须在每层设置支撑支架，横管一般用吊箍吊设在楼板下。

4）为防止埋设在地下地排水管道受机械损坏，排水管道的最小埋设深度，可参照表 6-1 确定。

排水管道埋设要求　　　　　　　　　　表 6-1

管材	地面至管顶的距离（m）	
	素土夯实、缸砖、木砖地面	水泥、混凝土、沥青混凝土、菱苦土地面
排水铸铁管	0.70	0.40
混凝土管	0.70	0.50
带釉陶土管	1.00	0.60
硬聚氯乙烯管	1.00	0.60

5）排水管穿过承重墙或基础处，应预留洞口，且管顶上部净空不得小于建筑物的沉降量，一般不小于 0.15m。

6）排水管穿过地下室外墙或地下构筑物的墙壁处，应采取防水措施。

7）排水管外表面可能结露，应根据建筑物性质和使用要求，采取防结露措施。

8）排污水管径要求见表 6-2。

通气管名称	污水管管径(mm)						
	32	40	50	75	100	125	150
器具通气管	32	32	32	—	50	50	—
环形通气管	—	—	32	40	50	50	—
通气立管	—	—	40	50	75	100	100

污水管径要求　　　　　　　　表 6-2

（二）卫生洁具安装及水封

1. 卫生洁具安装

（1）材料要求

1）卫生洁具的规格、型号必须符合设计要求，并有出厂产品合格证。卫生洁具外观应规矩、造型周正，表面光滑、美观、无裂纹，边缘平滑，色调一致。

2）卫生洁具零件配件规格应标准，质量可靠，外表光滑，电镀均匀，螺纹清晰，锁母松紧适度，无砂眼、裂纹等缺陷。

3）卫生洁具及其零配件报验资料要全，包括合格证、生产许可证、检验测试报告、节水报告等。

（2）操作工艺

安装前准备—卫生洁具及其零配件检验—卫生洁具配件预装—卫生洁具组装—卫生洁具稳装—卫生洁具与墙面、地面缝隙处理—卫生洁具外观检查—通水试验—成品保护。

（3）质量要求

1）所有与洁具连接的管道压力、灌水试验已合格，并办好隐预检手续，方可安装洁具。蹲便器、浴缸等应待防水层及保护层做完后配合相关工种施工进行稳装，其他洁具应在室内装修基本完成后再进行稳装。

2）台盆与台面板接合处应用硅胶密封，密封层均匀，台盆边沿与安装洞口距离分布均匀；台盆应用特制的钢架支撑并可上下调节，钢架必须有防锈防腐措施；台盆下水管与管道连接处应使用大小合适的专用密封圈，以防返臭，下水管采用成品不锈钢S弯、P弯或不锈钢波纹管弯制的S弯、P弯。排水栓与台盆连接时排水栓溢流孔应尽量对准洗涤盆溢流孔以保证溢流部位畅通，镶接后排水栓上端面应低于洗涤盆底。

3）小便斗安装应参照安装说明书，根据小便斗样品和安装方法制作一个模板，再按模板画线打孔；接口处安装胶皮碗、法兰，紧固时交叉均匀用力，注意不能拧得过紧，以间隙均匀不漏水为准。

4）蹲便器安装应水平，出地砖完成面5～8mm；蹲位下方落水口镶入管口40～50mm，接口应有密封措施，座体下部用1：3水泥砂浆垫实固定，确保位置准确；安装冲水阀的支管应按规范要求、蹲便器安装要求和装饰要求敷设，找平找正。

5）浴缸下水管所有接口应用胶垫、眼圈或生料带密封，锁母要拧紧，接口处不能受外力，并及时做满水试验、通水试验，最好在砌墙前完成，配合相关工种设置好检查口。最好在浴缸下面设一个地漏。

6）感应器预埋盒应按产品安装说明书安装，找平、找正后再固定。

7）卫生器具安装高度如设计无要求时，应符合表6-3的规定。

卫生器具安装高度要求　　　　表6-3

项次	卫生器具名称		卫生器具安装高度（mm）		备注
			居住和公共建筑	幼儿园	
1	污水盆（池）	架空式	800	800	
		落地式	500	500	
2	洗涤盆（池）		800	800	自地面至器具上边缘
3	洗脸盆、洗手盆（有塞、无塞）		800	500	

项次	卫生器具名称		卫生器具安装高度（mm）		备注
			居住和公共建筑	幼儿园	
4	盥洗槽		800	500	
5	浴盆		≤520		
6	蹲式大便器	高水箱	1800	1800	自台阶面至高水箱底
		低水箱	900	900	自台阶面至低水箱底
7	坐式大便器	高水箱	1800	1800	自地面至高水箱底 自地面至低水箱底
8	小便器	挂式	600	450	自地面至下边缘
9	小便槽		200	150	自地面至台阶面
10	大便槽冲洗水箱		≥2000	—	自台阶面至水箱底
11	妇女卫生盆		360	—	自地面至器具上边缘
12	化验盆		800	—	自地面至器具上边缘

8）卫生器具给水配件的安装高度，如设计无要求时，应符合表6-4的规定。

卫生器具给水配件的安装高度要求　　表6-4

项次	给水配件名称	配件中心距地面高度（m）	冷热水龙头距离（mm）
1	架空式污水盆（池）水龙头	1000	—
2	落地式污水盆（池）水龙头	800	—
3	洗涤盆（池）水龙头	1000	150
4	住宅集中给水龙头	1000	—

项次	给水配件名称		配件中心距地面高度（m）	冷热水龙头距离（mm）
5	洗手盆水龙头		1000	—
6	洗脸盆	水龙头（上配水）	1000	150
		水龙头（下配水）	800	150
		角阀（下配水）	450	—
7	盥洗槽	水龙头	1000	150
		冷热水管上下并行,其中热水龙头	1100	150
8	浴盆	水龙头（上配水）	670	150
9	淋浴器	截止阀	1150	95
		混合阀	1150	—
		淋浴喷头下沿	2100	—
		低水箱角阀	250	—
		手动式自闭冲洗阀	600	—
		脚踏式自闭冲洗阀	150	—
		拉管式冲洗阀（从地面算起）	1600	—
		带防污助冲器阀门（从地面算起）	900	—
10	坐式大便器	低水箱角阀	2040	—
11	立式小便器角阀		1130	—
12	挂式小便器角阀及截止阀		1050	—
13	实验室化验水龙头		1000	—
14	妇女卫生盆混合阀		360	—

七、给水排水施工成品保护

对于已经施工完毕的给水排水管道、设备器具，必须实行成品半成品保护，预防污染和损坏，同时也是为总系统调试试运行做准备。

（一）给水施工成品保护

见图 7-1。

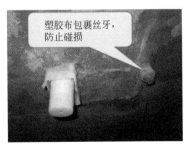

图 7-1　给水施工成品保护

（二）排水施工成品保护

见图 7-2。

图 7-2　排水施工成品保护

习 题

(一) 判断题

1. [初级] 日常生活中使用的给水系统, 按供水水质又分为生活饮用水系统、直饮水系统和杂用水系统。

【答案】正确

2. [中级] 生产给水系统种类繁多, 主要用于以下几方面: 生产设备的冷藏、原料和产品的盥洗、锅炉用水及某些工业的原料用水等。

【答案】错误

【解析】生产设备的冷却, 原料和产品的洗涤。

3. [高级] 消防用水对水质有严格要求, 且必须按建筑防火规范保证有足够的水量和水压。

【答案】错误

【解析】消防用水对水质没有要求。

4. [中级] 地下人防工程、工业建筑内部标高低于室外地坪的车间和其他用水设备的房间的排水管道, 当污水难以利用自流排至室外时, 就需要设置污水抽升设备增压排水。排水工程常用的抽升设备是潜水泵。

【答案】错误

【解析】抽升设备是污水泵。

5. [初级] 建筑排水管道平面图的比例, 与建筑给水和房屋建筑平面图的比例相同, 一般为 1:100 的比例来绘制。

【答案】正确

(二) 单选题

1. [初级] 在建筑给水系统中常用的管材可以分为三大类 (　　)。

A. 金属管材、非金属管材和复合管材

B. 金属管材、PP-R/PVC/JDG 和铝塑管材

C. 钢管材、塑料管材和铝塑管材

D. 钢带增强钢塑管、无缝钢管增强钢塑管、孔网钢带钢塑
复合管

【答案】A

【解析】规范规定。

2. 〔初级〕水龙头，又称水嘴，用来开启或关闭水流。常用
的有普通龙头、盥洗龙头及（　　）。

A. 小便斗龙头　　　　　　　B. 混合龙头

C. 消防龙头　　　　　　　　D. 电子自动龙头

【答案】B

【解析】只有混合龙头可以调节开启或关闭水流。

3. 〔中级〕消防给水系统供民用建筑、（　　）以及工业企业
建筑中的各种消防设备的用水。一般高层住宅、大型公共建筑、
工厂车间、仓库等都需要设消防供水系统。

A. 大型公共建筑　　　　　　B. 工厂车间

C. 仓库　　　　　　　　　　D. 公共建筑

【答案】D

【解析】规范规定。

4. 〔中级〕操作平台的面积不应超过 $10m^2$，高度不应超
过（　　）。还应进行稳定验算，并采取措施减少立柱的长细比。

A. 10m　　　B. 5m　　　C. 15m　　　D. 7m

【答案】B

【解析】规范规定。

5. 〔高级〕采用金属管卡或支、吊架时，与管道接触部分应
加塑料或橡胶软垫。在金属管配件与聚丙烯管道连接接触部位，
管卡应设在金属配件（　　），并应采取防止接口松动的技术措施。

A. 一侧　　　B. 上侧　　　C. 下侧　　　D. 两侧

【答案】A

【解析】规范规定。

6.〔初级〕排水管道不得穿过（　　）。

A. 沉降缝　　　　　　　　B. 伸缩缝

C. 烟道、风道　　　　　　D. 以上都是

【答案】D

【解析】规范规定。

7.〔高级〕蹲便器安装应水平，出地砖完成面5～8mm；蹲位下方落水口镶入管口40～50mm，接口应有密封措施，座体下部用（　　）水泥砂浆垫实固定，确保位置准确。

A. 1∶3　　　B. 1∶5　　　C. 2∶5　　　D. 3∶1

【答案】A

【解析】规范规定。

8.〔中级〕生活给水系统包括供民用住宅、公共建筑以及工业企业建筑内饮用、烹调、盥洗、洗涤、淋浴等生活用水。根据用水需求的不同，生活给水系统又可再分为：饮用水（优质饮水）系统、（　　）、建筑中水系统。

A. 普通用水系统　　　　　B. 一般用水系统

C. 杂用水系统　　　　　　D. 洁净水系统

【答案】C

【解析】规范规定。

9.〔初级〕盥洗槽有（　　）两种，常安装在同时有多人使用的地方。

A. 单槽和双槽　　　　　　B. 单面和混合面

C. 冷热水混合槽　　　　　D. 单面和双面

【答案】D

【解析】盥洗槽有只有单面和双面两种。

（三）多选题

1.〔初级〕供给消防设施的给水系统称为消防给水系统。它包括（　　）。该系统的作用是灭火和控火，即扑灭火灾和控制火灾蔓延。

A. 喷淋灭火给水系统   B. 消火栓给水系统

C. 末端排水系统   D. 自动喷水灭火给水系统

E. 冷凝水循环系统

【答案】BD

【解析】规范规定。

2.〔中级〕水表分为：（   ）。水表的安装要求：安装在便于检修和读数，不受暴晒、不结冻、不受污染及机械损伤的地方。

A. 螺翼式水表   B. 旋翼式水表

C. 干式水表   D. 湿式水表

E. 智能水表

【答案】ABCDE

【解析】全部能达到要求。

3.〔中级〕室外给水管网的水压或流量经常或间断不足，不能满足室内或建筑小区内给水要求时，应设加压和流量调节装置，如（   ）。

A. 立式罐增压稳压给水装置

B. 水泵装置

C. 贮水箱

D. 补气式增压稳压给水装置

E. 气压给水装置

【答案】BCE

【解析】只有这三种符合。

4.〔初级〕卫生器具排水管有以下类型（   ）。

A. 通气管   B. 横支管

C. 立管   D. 总干管

E. 出户管

【答案】BCDE

【解析】卫生器具排水管有横支管、立管、总干管、出户管四种类型。

5.［高级］建筑给水管道平面图的比例，可以采用与房屋建筑平面图相同的比例，一般为（　　）的比例来绘制。如果卫生设备或管线布置比较复杂的房间，不能够表达清楚时，可用较大一些的比例如（　　）来作图。

A. 1∶100　　B. 1∶150　　C. 1∶200　　D. 1∶50

E. 1∶125

【答案】AD

【解析】规范规定。

6.［初级］管道施工前应先了解建筑物的结构和平立面构成，熟悉给水排水工程的设计图纸和施工方案及与土建工程的配合措施，有的还要参照（　　），敷设管道时应结合图纸及卫生器具的规格型号，确定甩口的坐标及标高，严格控制甩口误差。

A. 节点图　　　　　　　　B. 土建施工图

C. 装饰施工图　　　　　　D. 大样图

E. 其他专业图纸

【答案】BCE

【解析】规范规定。

7.［初级］管道配件是连接管道与管道、管道与设备等之间的部件，是管道的重要组成部分，在管道中起（　　）等作用。

A. 连接　　　B. 分支　　　C. 转向　　　D. 变径

E. 分流

【答案】ABCD

【解析】E项不是管道的重要组成部分。

8.［中级］螺纹连接又称为丝扣连接，是通过管端加工的外螺纹和管件内螺纹将（　　）等紧密连接。

A. 管道与管件　　　　　　B. 管件与设备

C. 管道与管道　　　　　　D. 管道与设备

E. 管道与配件

【答案】CD

【解析】规范规定。

9. 〔中级〕普通龙头是装设在厨房洗涤盆、污水池及盥洗槽上，由可锻铸铁或铜制成，直径有（　　）三种。

A. 15mm　　B. 16mm　　C. 20mm　　D. 25mm

E. 32mm

【答案】ACD

【解析】普通龙头直径有 15、20、25mm 三种。

10. 〔高级〕安全阀是一种对管道和设备起保护作用的阀门。当管道或设备的水流压力超过规定值时，阀瓣自动排放，低于规定值时，自动关闭。按其构造分（　　）为三种。

A. 杠杆重锤式　　　　　B. 定比例式（活塞式）

C. 弹簧式　　　　　　　D. 非定比例式（弹簧式）

E. 脉冲式

【答案】ACD

【解析】规范规定。

11. 〔高级〕水箱上设有（　　）等。

A. 进水管　　　　　　　B. 出水管

C. 溢流管、泄水管　　　D. 水位信号装置

E. 托盘排水管

【答案】ABCDE

【解析】规范规定。

12. 〔初级〕存水弯具有阻隔排水管道内的臭气和有害小虫，防止进入室内污染环境的作用。在其弯曲段内必须存有 50～100mm 高的水封。存水弯按材质不同可分为铸铁存水弯和硬聚氯乙烯塑料存水弯两种。其规格有（　　）。

A. DN32　　B. DN50　　C. DN63　　D. DN75

E. DN100

【答案】BDE

【解析】规范规定。

13. 〔中级〕不锈钢管道卡压式管件端口部分有环状 U 形槽，内装有 O 形密封圈。安装时，用专用卡压工具使 U 形槽凸部缩

径，且薄壁不锈钢水管、管件承插部位卡成六角形。施工工艺的流程顺序是（   ）。

A. 管道实验　　　　　　　B. 卡压式连接

C. 成品保护　　　　　　　D. 安装准备

E. 质量检查

【答案】ABCDE

【解析】规范规定。

14. ［初级］管道热熔连接时，应采用专用配套的熔接管件和工具。熔接工具应安全可靠，操作简便，并附有（   ）。

A. 规格、型号　　　　　　B. 名称

C. 产品质量合格证书　　　D. 系列

E. 使用说明书

【答案】CE

【解析】产品要求。

15. ［初级］所有与洁具连接的（   ）已合格，并办好隐预检手续，方可安装洁具。

A. 卫生洁具配件预装　　　B. 卫生洁具组装

C. 管道压力　　　　　　　D. 卫生洁具稳装

E. 灌水试验

【答案】CE

【解析】规范规定。

16. ［中级］钢塑复合管是产品以（   ）为基管，内壁涂装防腐、食品级卫生型的聚乙烯。

A. 无缝钢管　　　　　　　B. 焊接钢管

C. PVC-U 管　　　　　　　D. 不锈钢管

E. PP-R 管

【答案】AB

【解析】规范规定。

17. ［中级］建筑排水管道轴测图需标注管道的（   ）及必要的文字说明。

A. 管径   B. 规格   C. 坡度   D. 标高

E. 编号

【答案】ACDE

【解析】规范规定。

18.［高级］直饮水系统是供人们直接饮用的（   ）等。

A. 纯净水   B. 自来水   C. 地下水   D. 矿泉水

E. 蒸馏水

【答案】ADE

【解析】规范规定。

19.［初级］根据用户对水质、水量、水压和水温的要求，室内给水系统按用途基本上可分（   ）。

A. 供暖给水系统   B. 盥洗给水系统

C. 生活给水系统   D. 生产给水系统

E. 消防给水系统

【答案】CDE

【解析】规范规定。

20.［初级］绘制施工图时需画出必要的图例，标注有关尺寸、标高（   ）等。

A. 立管   B. 给水引入管

C. 干管   D. 编号

E. 文字说明

【答案】DE

【解析】设计规定。

（四）简答题

1.［初级］简述变频调速泵供水的原理。

【答案】通过变频调节水泵的转速，从而改变水泵的流量、扬程和功率，使出水量适应用水量的变化，并使水泵变流量供水时保持高效运行。

2.［初级］因各种生产的工艺不同，生产给水系统种类繁多，简述其主要应用范围。

【答案】生产设备的冷却、原料和产品的洗涤、锅炉用水及某些工业的原料用水等。

3.［中级］简述直接给水方式的适用范围和特点。

【答案】直接给水方式适用于室外管网压力和水量在一天的时间内均能满足室内用水需要的地区。

特点：①系统简单，安装维护方便，充分利用室外管网压力；②建筑内部无贮水设备，供水的安全程度受室外供水管网制约。

4.［中级］简述变频调速泵供水的优点。

【答案】优点：①高效节能；②设备占地面积小，不设高位水箱，减少了结构负荷，节省水箱占地面积，避免了水质的二次污染。

5.［高级］简述建筑排水管道轴测图的画图步骤。

【答案】（1）轴向选择与建筑给水轴测图是一致的。从排出管开始，再画水平横干管，最后画立管。

（2）确定立管上的各个地面、楼面和屋面的标高。

（3）根据设备的安装高度及管道的坡度确定横支管的位置。

（4）绘制建筑排水设备附件的图例符号。

（5）绘制各种墙、梁的断面符号。

（6）标注管道的管径、坡度、标高、编号及必要的文字说明。

下 篇

电 工

八、电气基础知识和识图

在现代建筑装饰装修工程中，很多电气设施，如照明灯具电源插座、开关、电视、电话、网络信息、消防控制装置、各种动力装置、控制设备及防雷装置都是必不可少的。每一项电气工程或设施，都需要经过专门设计表达在图纸上，这些有关的图纸就是电气施工图纸。

电气施工图所表达的内容有两个，一是供电、配电线路的规格、型号和敷设方式；二是各类电气设备及配件的选型、规格及安装方式。而导线、各种电气设备及配件等，在图纸中多数不是用其投影，而是用国际规定的图例、符号及文字表示，标绘在按比例绘制的建筑物各种投影图中（系统图除外），这是电气施工图的一个特点。本书中介绍适用于建筑物、构筑物中 1kV 及以下配线工程的施工参考。

（一）装饰电路基础知识

1. 装饰电路术语及定义

（1）布线系统：一根电缆（电线）、多根电缆（电线）或母线以及固定它们的部件的组合。它又是一个综合性的系统，布线系统还包括封装电缆（电线）或母线的部件（图 8-1）。

（2）用电设备：将电能转化为其他形式能量（例如光能、热能、机械能）的设备（图 8-2）。

（3）导管：在电气安装中用来保护电线或电缆的圆形或非圆形的布线系统的一部分，导管有一定的密封性，使电线电缆只能从纵向引入，而不能从横向引入。导管又分为金属导管及 PVC

导管和绝缘保护金属软管（图 8-3～图 8-5）。

图 8-1　布线系统图

图 8-2　用电设备图

图 8-3　镀锌电线管

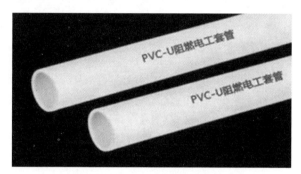

图 8-4　PVC-U 电工管

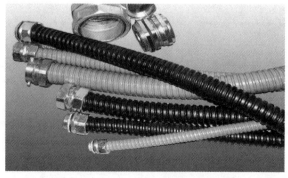

图 8-5　金属软管

（4）保护导体（PE）：为防止发生电击危险而与裸露导电部件、外部导电部件、主接地端子、接地电极（接地装置）、电源的接地点或人为的接地点进行电气连接的一种导体（图 8-6）。

图 8-6　保护导体

（5）中性保护导体（PEN）：一种同时具有中性导体和保护导体的接地导体，这个也就是我们日常所说的重复接地（图 8-7）。

金属外壳接地↑ 杆塔接地↓ 配电箱内电气设备接地→

接地端子排

图 8-7　PEN 接地（重复接地系统）

（6）不间断电源：不间断电源装置（UPS），是一种在交流输入电源因电力中断或电压、频率波形等不符合要求而中断供电时，保证向负荷连续供电的装置。不间断电源装置一般分为静止型和旋转型两大类，静止型不间断电源装置一般由整流器、逆变器、蓄电池、常用电源（市电）、备用电源（市电或柴油发电机）和静态开关等组成（图 8-8）。

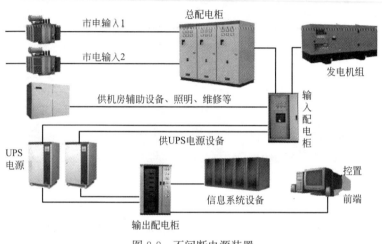

图 8-8　不间断电源装置

（7）接地线：从引下线断接卡或换线处至接地体的联结导体，或从接地端子、等电位联结带至接地体的联结导体，包括连接螺栓。接地线必须依据设计要求使用设计要求规格的黄绿双色线（图 8-9）。

（8）接闪器：避雷针、避雷带、避雷网等直接接受雷击部分，以及用作接闪器的金属屋面和金属构件等（图 8-10）。

（9）局部等电位联结（LEB）：在一局部场所范围内将各可导电部分连通，称作局部等电位联结。它可通过局部等电位联结装置将 PE 线、公用设施的金属管道、建筑物金属结构互相连通（图 8-11）。

图 8-9　接地线

图 8-10　接闪器

图 8-11　局部等电位联结（LEB）

2.装饰电工常用电路接线

下面我们通过介绍几个日常施工中常用的几种接线图，帮助大家很快地掌握单开、双开、单控、双控、多控及插座的接线方法（图 8-12～图 8-18）。

一开单控开关

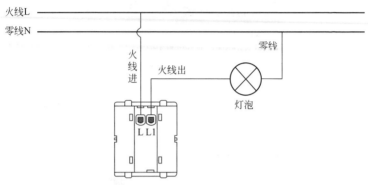

图 8-12　一开单控接线方法

注：示意图中"L"与其他产品中"COM"对应，为同一接口。

二/三开连体单控开关

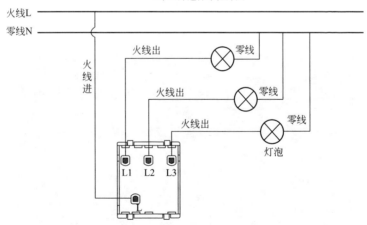

图 8-13　二/三开连体单控接线方法

注：示意图中"L"与其他产品中"COM"对应，为同一接口。

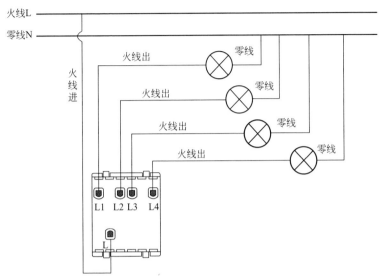

图 8-14　四开连体单控接线方法

注：示意图中"L"与其他产品中"COM"对应，为同一接口。

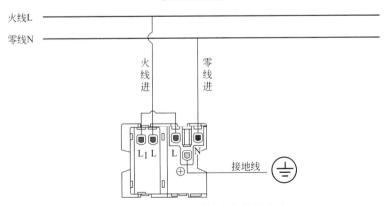

图 8-15　一开五孔单控插座接线方法

注：示意图中开关侧"L"与其他产品中"COM"对应，为同一接口。

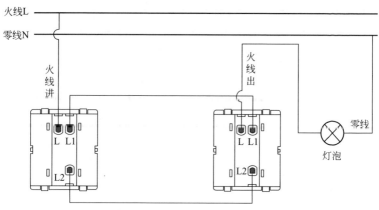

图 8-16　一开双控开关接线方法

注：示意图中"L"与其他产品中"COM"对应，为同一接口。

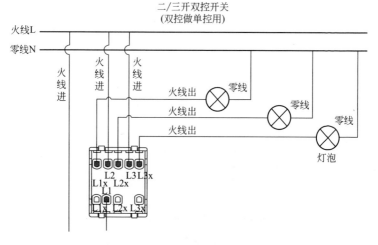

图 8-17　二/三开双控开关接线方法

注：示意图中"L1、L2、L3"与其他产品中"COM1、COM2、
　　COM3"对应，为同一接口。

图中"L1、L2、L3"接口为三根火线分别接入，也可连起来
　　（只需一根火线进）。

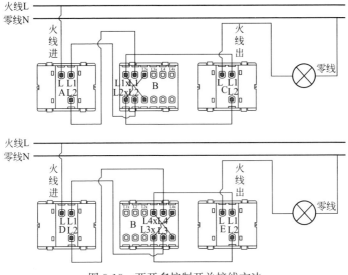

两开多控制开关接线图
两开多控制开关相当于2个一开多控制开关

图 8-18 两开多控制开关接线方法

（二）装饰电气图的识读

1.识图要点

建筑装饰装修工程电气施工，主要着重于室内动力照明（包括风机、水泵、照明灯具、开关、插座、配电箱及其他电气装置的安装）、弱电工程（电话、网络、广播、闭路电视、监控报警）、防雷接地工程（建筑物和电气装置的防雷设施，各种电气设备的保护接地、工作接地及防静电接地装置）线路的敷设和电气设备的安装，因而在识读电气施工图时，应将电气系统图与平面电气布置图对照阅读，其识图要点如下：

（1）理解主干线回路、支干线回路的走向、安装方法、敷设方式、导线规格型号。

（2）认真阅读各种箱、盘、柜的配电图，弄清箱内电气设备配置、回路数、回路编号及安装方式。

（3）熟悉施工图中的各种电气符号、代号的意义及标注方法，各种电气设备的安装方式，管线的敷设方式、标高、坐标及设计要求。

（4）结合有关施工规范、技术规程及标准相关图集，认真归纳整理、做好相关要点记录摘要。

2. 图纸类别

（1）电气工程的施工图纸类别一般包括电气设计说明、图例及设备材料表、电气系统图、电气总平面图、电气设备平面图、控制原理图、二次接线图、大样图等。

（2）设计说明：设计说明主要描述图纸中的设计参照标准及相关国家规范要求、注意事项、相关参数等。

（3）图例：图例是用图标的形式表示出该图中使用的图形符号或文字符号所代替的设备名称，目的是使施工人员、管理人员能够很快地了解图纸上图例所代替的内容。设备材料表：设备材料表一般都要列出系统主要设备及主要材料的规格、型号、数量、具体要求或产地。但是表中的数量一般只作为概算估计数，不作为设备和材料的供货依据。

（4）电气系统图：电气系统图是用单线图表示电能或电信号按回路分配出去的图纸，主要表示各个回路的名称、用途、容量以及主要电气设备、开关元件及导线电缆的规格型号等。通过电气系统图可以知道该系统的回路个数及主要用电设备的容量、控制方式等。建筑电气工程中系统图用得很多，动力、照明、变配电装置、通信广播、电缆电视、火灾报警、防盗保安、微机监控、自动化仪表等都要用到系统图。

（5）电气总平面图：电气总平面图是在建筑总平面图上表示电源及电力负荷分布的图样，主要表示各建筑物的名称或用途、电力负荷的装机容量、电气线路的走向及变配电装置的位置、容量和电源的进户方向等。通过电气总平面图可了解该项工程的概况，掌握电气负荷的分布及电源装置等。一般大型工程都有电气总平面图，中小型工程则由动力平面图或照明平面图代替。

（6）电气设备平面图：电气设备平面图是在建筑物的平面图上标出电气设备、元件、管线实际布置的图纸，主要表示（配电箱、灯具、开关、插座、桥架、各种弱电设备等）其安装位置、安装方式、规格型号、数量及接地网等。通过平面图可以知道每幢建筑物及其各个不同的标高上装设的电气设备、元件及其管线等。建筑电气平面图应用广泛，动力、照明、变配电装置、通信广播、电缆电视、火灾报警、防盗保安、微机监控、自动化仪表等都要用到平面图。对建筑装饰装修工程来说，主要以室内电气专业平面图为主，它分为动力平面图、照明平面图、变电所平面图、防雷与接地平面图、弱电各专业平面图等。这种平面图由于采用较大的缩小比例，因此不能表现电气设备的具体位置，只能反映设备之间的相对位置。施工时需结合装饰装修平、立、剖面的相互关系和空间位置，才能确定安装方式，达到设计意图，确定施工方法和安装位置。

（7）大样图：大样图一般是用来表示某一具体部位或某一设备元件的结构或具体安装方法的，通过大样图可以了解该项工程的复杂程度。一般非标准的控制柜、箱，检测元件和架空线路的安装等都要用到大样图，大样图通常采用标准通用图集。其中剖面图也是大样图的一种。

九、电气安装工具和测量工具

（一）电工手持和电动工具

常用手持工具有验电器、螺丝刀、钢丝钳、尖嘴钳、斜口钳、断线钳、剥线钳、电工刀、各种扳手、喷灯、手动弯管器等。

1. 常用电动工具

常用电动工具有电动锯管机、无齿锯、电锤、电钻、开槽机等。电动工具的使用操作人员应熟悉了解电动工具的性能及注意事项。电动工具分为三类，Ⅰ类工具即为普通型电动工具，其额定电压超过50V，Ⅰ类工具在防止触电的保护方面不仅依靠基本绝缘，而且包含一个附加的安全措施。其方法是将可触及的可导电的零件与已安装在固定线路中的保护（接地）导线连起来，使可触及的可导电的零件在基本绝缘损坏的事故中不成为带电体。Ⅰ类工具的插头为三脚插头（图9-1）。

Ⅱ类工具即绝缘结构全部为双重绝缘结构的电动工具。其规定电压超过50V，Ⅱ类工具不允许设置接地装置。一般为绝缘外壳。通俗地讲，Ⅱ类工具的设计制造者将操作者的个人防护用品以可靠的方法置于工具上，使工具具有双重的保护电流，保证在故障状态下，当基本绝缘损坏失效时，由附加绝缘和加强绝缘提供触电保护。Ⅱ类工具必须采用加强绝缘电源插头，且电源插头与软电缆或软线压塑成一体的不可重接电源插头。Ⅱ类工具只允许采用不可重接的二脚电源插头。Ⅱ类工具均带有标识"回"（图9-2）。

Ⅲ类工具即安全电压工具。其额定电压不超过50V，依靠安

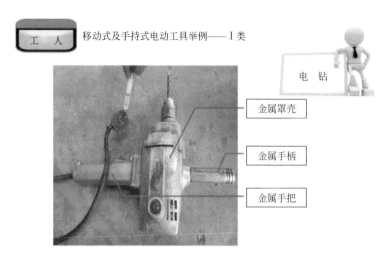

图 9-1　Ⅰ类电动工具

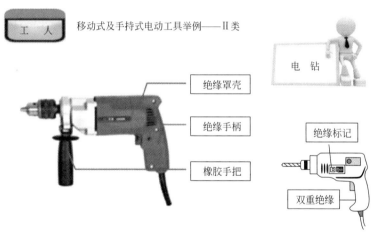

图 9-2　Ⅱ类电动工具

全电压供电和在工具内部不会产生比安全电压高的电压来提供防触电保护（图 9-3）。

2. 分类及选择

（1）选择具有"3C"认证的合格品。

图 9-3 Ⅲ类电动工具

（2）一般场合应选用Ⅱ类产品，该类设备具有双重绝缘，使用相对安全。

（3）在潮湿场所或金属构架等导电性能良好的场所，应选用Ⅱ类或Ⅲ类产品。

（4）在金属容器、管道、锅炉等狭窄场所，应选用Ⅲ类产品。

（5）如确需使用Ⅰ类产品，应按安全要求采取必要的其他安全措施，如安装漏电保护器、安全隔离变压器等。

3. 使用电动工具时的注意事项

（1）使用前要对其进行仔细检查，外观无破损，开关动作灵活无卡涩，电源引线和电动工具的外壳应完好。500V兆欧表测量绕组与外壳间绝缘电阻值不得低于 0.5MΩ。

（2）金属外壳的手持电动工具应有可靠的保护接地线。电源引线为多芯软橡胶电缆，其接地保护线两端应连接牢固。

（3）手持电动工具应由具有一定专业知识的专职人员使用。使用中应严格遵守相关的安全操作规程。

（4）使用前必须先检查相关电气保护装置和机械保护装置是否完好，其运用应正常。还要注意其转动部分是否转动灵活以及有无卡涩。

（5）使用Ⅰ类手持电动工具时，使用人必须穿戴符合规定的防护用品，设置合格的防护用具。并按规定采取相应防触电的安全保护措施。

（二）常用电气安装测量仪表和工具

电工仪表是用于测量电压、电流、电能、电功率等电量和电阻、电感、电容等电路参数的仪表，在电气设备安全、经济、合理运行的监测与故障检修中起着十分重要的作用。电工仪表的结构性能及使用方法会影响电工测量的精确度，电工必须能合理选用电工仪表，而且要了解常用电工仪表的基本工作原理及使用方法。常用电气测量仪表和工具有测电笔、电流表、电压表、万用表、兆欧表、接地电阻测试仪等（图9-4）。

图9-4 试电笔

1.试电笔

使用时，必须手指触及笔尾的金属部分，并使氖管小窗背光且朝自己，以便观测氖管的亮暗程度，防止因光线太强造成误判断，其使用方法如图9-5所示。

当用电笔测试带电体时，电流经带电体、电笔、人体及大地形成通电回路，只要带电体与大地之间的电位差超过60V时，电笔中的氖管就会发光。低压验电器检测的电压范围的60～500V。

注意事项如下：

（1）使用前，必须在有电源处对验电器进行测试，以证明该

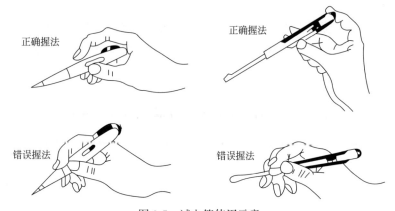

正确握法

正确握法

错误握法

错误握法

图 9-5　试电笔使用示意

验电器确实良好，方可使用。

（2）验电时，应使验电器逐渐靠近被测物体，直至氖管发亮，不可直接接触被测体（主要考虑的应该是电压等级，如果清楚被测电源的电压等级，用同样电压等级的验电笔直接接触被测体就行）。

（3）验电时，手指必须触及笔尾的金属体，否则带电体也会误判为非带电体。

（4）验电时，要防止手指触及笔尖的金属部分，以免造成触电事故。

2. 万用表

（1）模拟式万用表

模拟式万用表的型号繁多，常用的 MF-47 型万用表的外形如图 9-6 所示。

1）使用前的检查与调整

在使用万用表进行测量前，应进行下列检查、调整：

① 外观应完好无被损，当轻轻摇晃时，指针应摆动自如。

② 旋动转换开关，应切换灵活无卡阻，挡位应准确。

③ 水平放置万用表，转动表盘指针下面的机械调零螺钉，

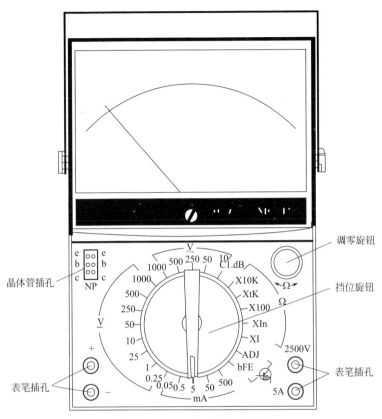

图 9-6 MF-47 型万用表面板图

使指针对准标度尺左边的 0 位线。

④ 测量电阻前应进行电调零（每换挡一次，都应重新进行电调零）。即将转换开关置于欧姆挡的适当位置，两支表笔短接，旋动欧姆调零旋钮，使指针对准欧姆标度尺右边的 0 位线。如指针始终不能指向 0 位线，则应更换电池。

⑤ 检查表笔插接是否正确。黑表笔应接"－"极或" * "插孔，红表笔应接"＋"。

⑥ 检查测量机构是否有效，即应用欧姆挡，短时碰触两表笔，指针应偏转灵敏。

2）直流电阻的测量

① 首先应断开被测电路的电源及连接导线。若带电测量，将损坏仪表；若在路测量，将影响测量结果。

② 合理选择量程挡位，以指针居中或偏右为最佳。测量半导体器件时，不应选用 R×1 挡和 R×10K 挡。

③ 测量时表笔与被测电路应接触良好；双手不得同时触至表笔的金属部分，以防将人体电阻并入被测电路造成误差。

④ 正确读数并计算出实测值。

⑤ 切不可用欧姆挡直接测量微安表头、检流计、电池内阻。

3）电压的测量

① 测量电压时，表笔应与被测电路并联。

② 测量直流电压时，应注意极性。若无法区分正、负极，则先将量程选在较高挡位，用表笔轻触电路，若指针反偏，则调换表笔。

③ 合理选择量程。若被测电压无法估计，先应选择最大量程，视指针偏摆情况再作调整。

④ 测量时应与带电体保持安全间距，手不得触及表笔的金属部分。测量高电压时（500～2500V），应戴绝缘手套且站在绝缘垫上使用高压测试笔进行。

4）电流的测量（图 9-7）

① 测量电流时，应与被测电路串联，切不可并联。

② 测量直流电流时，应注意极性。

③ 合理选择量程。

④ 测量较大电流时，应先断开电源然后再撤表笔。

5）注意事项

① 测量过程中不得换挡。

② 读数时，应三点（眼睛、指针、指针在刻度中的影子）成一线。

③ 根据被测对象，正确读取标度尺上的数据。

④ 测量完毕应将转换开关置空挡或 OFF 挡或电压最高挡。

图 9-7 电流的测量

若长时间不用，应取出内部电池。

（2）数字万用表

数字万用表具有测量精度高、显示直观、功能全、可靠性好、小巧轻便以及便于操作等优点。

1）面板结构与功能

如图 9-8 所示，为 DT-830 型数字万用表的面板图，包括 LCD 液晶显示器、电源开关、量程选择开关、表笔插孔等。

① 液晶显示器最大显示值为 1999，且具有自动显示极性功能。若被测电压或电流的极性为负，则显示值前将带 "－"号。若输入超量程时，显示屏左端出现 "1" 或 "－1" 的提示字样。

② 电源开关（POWER）可根据需要，分别置于 "ON"（开）或 "OFF"（关）状态。测量完毕，应将其置于 "OFF" 位置，以免空耗电池。数字万用表的电池盒位于后盖的下方，采用 9V 叠层电池。电池盒内还装有熔丝管，以起过载保护作用。旋转式量程开关位于面板中央，用以选择测试功能和量程。

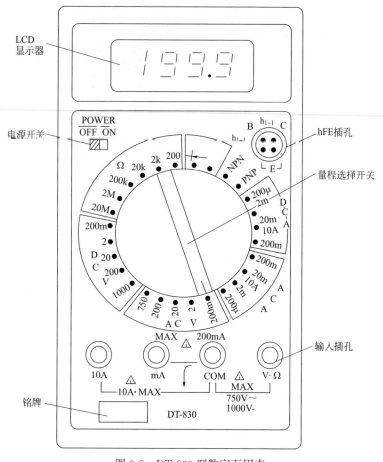

图 9-8　DT-830 型数字万用表

③ hFE 插口用以测量三极管的 hFE 值时，将其 B、C、E 极对应插入。

④ 输入插口是万用表通过表笔与被测点连接的部位，设有"COM"、"V·Ω"、"mA"、"10A"四个插口。使用时，黑表笔应置于"COM"插孔，红表笔依被测种类和大小置于"V·Ω"、"mA"或"10A"插孔。在"COM"插孔与其他三个插孔之间

分别标有最大（MAX）测量值，如 10A、200mA、交流 750V、直流 1000V。

2）使用方法

① 测量交、直流电压（ACV、DCV）时，红、黑表笔分别接"V·Ω"与"COM"插孔，旋动量程选择开关至合适位置（200mV、2V、20V、200V、700V 或 1000V），红、黑表笔并接于被测电路（若是直流，注意红表笔接高电位端，否则显示屏左端将显示"－"）。此时显示屏显示出被测电压数值。若显示屏只显示最高位"1"，表示溢出，应将量程调高。

② 测量交、直流电流（ACA、DCA）时，红、黑表笔分别接"mA"（大于 200mA 时应接"10A"）与"COM"插孔，旋动量程选择开关至合适位置（2mA、20mA、200mA 或 10A），将两表笔串接于被测回路（直流时，注意极性），显示屏所显示的数值即为被测电流的大小。

③ 测量电阻时，无须调零。将红、黑表笔分别插入"V·Ω"与"COM"插孔，旋动量程选择开关至合适位置（200、2K、200K、2M、20M），将两笔表跨接在被测电阻两端（不得带电测量），显示屏所显示数值即为被测电阻的数值。当使用 200MΩ 量程进行测量时，先将两表笔短路，若该数不为零，仍属正常，此读数是一个固定的偏移值，实际数值应为显示数值减去该偏移值。

④ 进行二极管和电路通断测试时，红、黑表笔分别插入"V·Ω"与"COM"插孔，旋动量程开关至二极管测试位置。正向情况下，显示屏即显示出二极管的正向导通电压，单位为 mV（锗管应在 200～300mV 之间，硅管应在 500～800mV 之间）；反向情况下，显示屏应显示"1"，表明二极管不导通，否则，表明此二极管反向漏电流大。正向状态下，若显示"000"，则表明二极管短路，若显示"1"，则表明断路。在用来测量线路或器件的通断状态时，若检测的阻值小于 30Ω，则表内发出蜂鸣声以表示线路或器件处于导通状态（图 9-9）。

图 9-9　万用表

⑤ 进行晶体管测量时，旋动量程选择开关至"hFE"位置（或"NPN"或"PNP"），将被测三极管依 NPN 型或 PNP 型将 B、C、E 极插入相应的插孔中，显示屏所显示的数值即为被测三极管的"hFE"参数。

⑥ 进行电容测量时，将被测电容插入电容插座，旋动量程选择开关至"CAP"位置，显示屏所示数值即为被测电荷的电荷量。

3）注意事项

① 当显示屏出现"LOBAT"或"←"时，表明电池电压不足，应予以更换。

② 若测量电流时，没有读数，应检查熔丝是否熔断。

③ 测量完毕，应关上电源；若长期不用，应将电池取出。

④ 不宜在日光及高温、高湿环境下使用与存放（工作温度为 0～40℃，湿度为 80％）。使用时应轻拿轻放。

（3）钳形表（图 9-10）

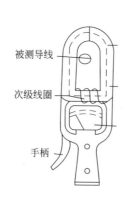

被测导线

次级线圈

手柄

图 9-10　钳形表

1）使用方法

① 钳形表的最基本使用是测量交流电流，虽然准确度较低（通常为 2.5 级或 5 级），但因在测量时无须切断电路，因而使用仍很广泛。如需进行直流电流的测量，则应选用交直流两用钳形表。

② 使用钳形表测量前，应先估计被测电流的大小以合理选择量程。使用钳形表时，被测载流导线应放在钳口内的中心位置，以减小误差；钳口的结合面应保持接触良好，若有明显噪声或表针振动厉害，可将钳口重新开合几次或转动手柄；在测量较大电流后，为减小剩磁对测量结果的影响，应立即测量较小电流，并把钳口开合数次；测量较小电流时，为使该数值准确，在条件允许的情况下，可将被测导线多绕几圈后再放进钳口进行测量（此时的实际电流值应为仪表的读数除以导线的圈数）。

③ 使用时，将量程开关转到合适位置，手持胶木手柄，用食指勾紧铁芯开关，便于打开铁芯。将被测导线从铁芯缺口引入到铁芯中央，然后放松食指，铁芯即自动闭合。被测导线的电流在铁芯中产生交变磁通，表内感应出电流，即可直接读数。

④ 在较小空间内（如配电箱等）测量时，要防止因钳口的张开而引起相间短路。

2）注意事项

① 使用前应检查外观是否良好，绝缘有无破损，手柄是否清洁、干燥。

② 测量时应戴绝缘手套或干净的线手套，并注意保持安全间距。

③ 测量过程中不得切换挡位。

④ 钳形电流表只能用来测量低压系统的电流，被测线路的电压不能超过钳形表所规定的使用电压。

⑤ 每次测量只能钳入一根导线。

⑥ 若不是特别必要，一般不测量裸导线的电流。

⑦ 测量完毕应将量程开关置于最大挡位，以防下次使用时，

因疏忽大意而造成仪表的意外损坏。

⑧ 钳形电流表测量工作应有两人进行。

（4）兆欧表（图 9-11）

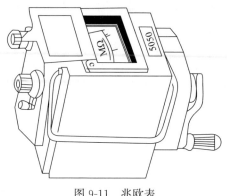

图 9-11　兆欧表

1）选用

① 兆欧表的选用主要考虑两个方面：一是电压等级，二是测量范围。

② 测量额定电压在 500V 以下的设备或线路的绝缘电阻时，可选用 500V 或 1000V 的兆欧表；测量额定电压在 500V 以上的设备或线路的绝缘电阻时，可选用 1000～2500V 的兆欧表；测量瓷瓶时，应选用 2500～5000V 的兆欧表。

③ 兆欧表测量范围的选择主要考虑两点：一是测量低压电气设备的绝缘电阻时可选用 0～200MΩ 的兆欧表，测量高压电气设备或电缆时可选用 0～2000MΩ 兆欧表；二是因为有些兆欧表的起始刻度非零，而是 1MΩ 或 2MΩ，这种仪表不宜用来测量处于潮湿环境中的低压电气设备的绝缘电阻，因其绝缘电阻可能小于 1MΩ，造成仪表上无法读数或读数不准确。

2）正确使用

兆欧表上有三个接线柱，两个较大的接线柱上分别标有 E（接地）、L（线路），另一个较小的接线柱上标有 G（屏蔽）。其中，L 接被测设备或线路的导体部分，E 接被测设备或线路的外壳或大地，G 接被测对象的屏蔽环（如电缆壳芯之间的绝缘层上）或不需测量的部分。兆欧表的常见接线方法如图 9-12 所示。

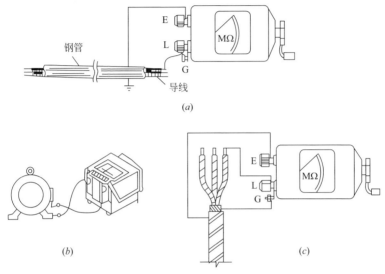

图 9-12　兆欧表的接线方法
（a）测量相与地的绝缘电阻；（b）测量电动机绝缘电阻；
（c）测量电缆相线与屏蔽之间绝缘

① 测量前，要先切断被测设备或线路的电源，并将其导电部分对地进行充分放电。用兆欧表测量过的电气设备，也需进行接地放电，才可再次测量或使用。

② 测量前，要先检查仪表是否完好：将接线柱 L、E 分开，由慢到快摇动手柄约 1min，使兆欧表内发电机转速稳定（约 120r/min），指针应指在"∶"处；再将 L、E 短接，缓慢摇动手柄，指针应指在"0"处。

③ 测量时，兆欧表应水平放置平稳。测量过程中，不可用手去触及被测物的测量部分，以防触电。兆欧表的操作方法如图 9-13 所示。

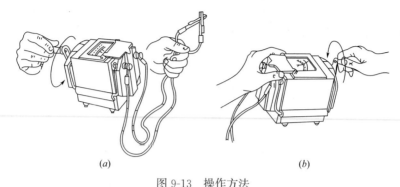

图 9-13　操作方法

（a）校试摇表的操作方法；（b）测量时摇表的操作方法

3）注意事项

① 仪表与被测物间的连接导线应采用绝缘良好的多股铜芯软线，而不能用双股绝缘线或绞线，且连接线间不得绞在一起，以免造成测量数据不准。

② 手摇发电机要保持匀速，不可忽快忽慢地使指针不停地摆动。

③ 测量过程中，若发现指针为零，说明被测物的绝缘层可能击穿短路，此时应停止继续摇动手柄。

④ 测量具有大电容的设备时，读数后不得立即停止摇动手柄，否则已充电的电容将对兆欧表放电，有可能烧坏仪表，应将 L 端导线离开被试设备后，才能停止摇动手柄。

⑤ 温度、湿度、被测物的有关状况等对绝缘电阻的影响较大，为便于分析比较，记录数据时应反映上述情况。

⑥ 测试设备的绝缘前后应对被试设备进行放电。

十、常用电气安装材料

从预算、决算取费上将材料分为：主材（包括：钢管、PVC 管、线盒、开关、插座、电线、电缆、灯具、配电箱等）和辅材（包括：线管接头、弯头、焊锡条、胶布等连接件和设备安装所必需的辅助材料）。

材料进场，核对电线、开关插座、灯具、配电箱等材料设备的型号、规格必须符合设计要求和国家标准规定。所有产品应有产品合格证、3C 认证标识，各种报验资质齐全有效。产品检测报告 CM 章在有效期内。

1. 钢管

钢管是施工中保护导线的导管，常用的金属导管分为厚壁镀锌钢管、KBG 管、JDG 管（图 10-1、图 10-2）。

图 10-1　JDG 金属电线管

图 10-2　KBG 电线管

2. PVC 管

PVC 电线管也是一种电线绝缘导管，分为普通型及阻燃型两种。普通型用于其他常用民用建筑的电气配管。阻燃型用于具有防火性能要求的消防报警线路、应急照明线路等（图 10-3、

图 10-4)。

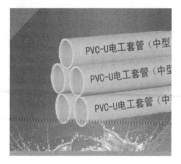

图 10-3　PVC 电线管　　　　　　　图 10-4　PVC 阻燃电线管

3. 线盒

电线盒是安装在墙体供开关、插座面板固定的盒子，起到固定及隔离作用，线盒按照大小分为 86 型、146 型等，按照材质有 PVC、金属两种（图 10-5、图 10-6）。

图 10-5　PVC 线盒 86 系列　　　　图 10-6　金属线盒 86 系列

4. 开关

开关是日常生活中控制照明灯源的一种装置。分为 1 位开关、2 位开关、3 位开关（图 10-7、图 10-8）。

5. 插座

插座是安装在墙面上供用电设备取电的一种装置，分为三孔（15A 多用于空调）、五孔普通插座（一般 10A）（图 10-9、图 10-10）。

图 10-7　3 位开关

图 10-8　1 位开关

图 10-9　五孔插座

图 10-10　三孔插座

6. 电线、电缆

电线、电缆是用以传输电（磁）能、信息和实现电磁能转换的线材产品，因电线电缆规格型号较多，目前装饰工程中常用的有 BV-2.5mm、BV-4mm、BV-6mm 及 RVS-2.5mm 等其他规格及阻燃耐火无卤电线电缆等（图 10-11、图 10-12）。

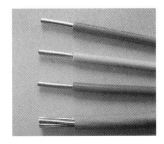

图 10-11　电线

图 10-12　电缆

7. 灯具

照明灯具按功能分为装饰灯具和功能灯具两类（图 10-13～图 10-16）。

图 10-13　水晶吊灯

图 10-14　吸顶灯

图 10-15　射灯

图 10-16　筒灯

（1）装饰灯具由装饰部件和照明光源组合而成，除适当考虑照明效率和防止眩光等要求外，主要以造型美观来满足建筑艺术上的需要。

（2）功能灯具的作用是：重新分配光源的光通量，提高光的利用效率和避免眩光，创造适宜的光环境。在潮湿、腐蚀、易爆、易燃等环境中使用的特殊灯具，其灯罩还起隔离保护作用。装饰工程中常用的灯具有花灯、吊灯、水晶灯、壁灯、射灯、筒灯及灯带等辅助照明。

8. 配电箱

主要作用是合理地分配电能，方便对电路的开合操作。有较高的安全防护等级，能直观地显示电路的导通状态。便于管理，当发生电路故障时有利于检修（图 10-17、图 10-18）。

 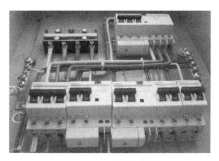

图 10-17　配电箱　　　　　图 10-18　配电箱内部接线配置

9.线管接头、弯头

线管接头是施工中导管与导管、导管与线盒之间连接的配件，金属导管配件与 PVC 导管的接头禁止混用（图 10-19、图 10-20）。

 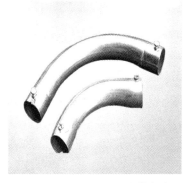

图 10-19　金属线管束接　　　图 10-20　KBG/JDG 导管弯头

10.焊锡条、胶布等

锡焊条是用来锡焊的焊条。在不要求高温高压条件下锡焊可用于密封式金属焊接（图 10-21）。

根据液相线温度临界点不同，焊锡条有高温焊锡条和低温焊锡条。其中液相线温度高于锡铅共晶熔点（183℃）的焊锡条为高温焊锡条，高温焊锡条是在焊锡合金中加入银、锑或者铅比例较高时形成的焊锡条，高温焊锡条主要用于主机板组装时不产生变化的元件组装；液相线温度低于锡铅共晶熔点（183℃）的焊锡条为低温焊锡条，低温焊锡条是在焊锡合金中加入铋、铟、镉形成的焊锡条，主要用于微电子传感器等耐热性低的零件组装。根据化学性质，常用焊锡条种类有抗氧化焊锡条和高纯度低渣焊锡条。抗氧化焊锡条具有良好的抗氧化能力，流动性高，焊接性强，熔化时浮渣极少，在浸入和波峰焊接中极少氧化，是省锡的经济型焊锡条。优良的湿润性和可焊性，焊点饱满、均匀，焊接效果极佳。

电工胶带全名为聚氯乙烯电气绝缘胶粘带，又称之为电工绝缘胶带或绝缘胶带。适用于各种电阻零件的绝缘。如电线接头缠绕，绝缘破损修复，变压器、马达、电容器、稳压器等各类电机、电子零件的绝缘防护，也可用于工业过程中捆绑、固定、搭接、修补、密封、保护（图10-22）。

图10-21　锡焊条　　　　　　　　图10-22　电工胶布

十一、电工安全操作规程

（一）电气工作人员的培训与考核

电气作业人员属于特种作业，从事对电气设备进行运行、维护、安装、检修、改造、施工、调试等作业（不含电力系统进网作业）的人员必须经过培训且考试合格，取得电工操作资格证后方可持证上岗，并按照安全监督管理部门的要求定期对取得的操作资格证进行年审，持有外部颁发的操作证的特种作业人员其复审每 2 年一次，连续从事本工种 10 年以上，经用人单位进行知识更新后，复审时间可延长至每 4 年一次。

1. 供电系统运行一般规定

照明系统通电，灯具回路控制应与照明配电箱及回路的标识一致；开关与灯具控制顺序相对应，风扇的转向及调速开关应正常。

2. 运行管理

公用建筑照明系统通电连续试运行时间应为 24h，民用住宅照明系统通电连续试运行时间应为 8h。所有照明灯具均应开启，且每 2h 记录运行状态 1 次，连续试运行时间内无故障。

（二）停送电联系

（1）非专职和值班电气人员，严禁擅自操作电气设备。

（2）停送电人员必须熟悉所操作设备的性能和操作方法。

（3）停送电工作必须由专人负责，必须严格执行谁停电、谁送电的原则，严禁约时停、送电。停电后应拉开隔离开关并闭锁，有条件要上锁，同时悬挂"线路有人工作，严禁送电"警示牌，或设专人看管。只有执行此项工作的人员才有权取掉此牌送电。

（三）临时线路的安装使用

（1）装设临时线路必须用绝缘良好的导线，并采取悬空架设和沿墙架设，架设时户内离地面高度不得低于 2.5m，户外不得低于 3.5m。

（2）架设时需设专用电杆和专用瓷瓶固定；严禁在树上或脚手架上挂线。使用二芯及以上芯数的护套软线也要按以上要求架设。使用临时线路必须装设容量适合的漏电保护开关、总开关及熔断器，分路不得在灯头内并头。

（3）临时线路的敷设不得沿地敷设（包括护套软线）。必须放在地面上的部分，应加以可行的保护。穿管保护时，要注意防止管口把导线绝缘割破漏电。

（4）所有电气设备的金属外壳必须有良好的接地。

（5）在狭窄潮湿的地方或在金属容器内工作时，其行灯电压不得超过 12V（如果有配套 12V 灯具时，变压器禁止携带至金属容器内使用）。

（6）在金属构架等导电性能良好的作业场所使用电动工具，必须装设额定漏电作业电流不大于 30mA、动作时间不少于 0.1s 的漏电保护开关。

（7）临时线路与设备、水管、门窗等距离应在 0.3m 以上。

（8）电工在安装临时线路前（除规定外），需查验临时线路申请表是否批准，否则不予安装。

（9）安装完毕的临时线路，使用单位不得擅自改动。使用时间超过两天的，使用单位必须在接线点附近挂标识牌，注明使用期限，以便检查。使用完毕的临时线路，电工在拆除时，应检查接线点的电器装置是否完好，并做相应处理。

（四）电气安全用具的管理

（1）存放电气安全用具的场所，应有明显的标识并"对号入座"，做到存取方便，存放场所要干净，通风良好，无任何杂物堆放。

（2）绝缘手套、绝缘靴等橡胶制品的用具，不可与油类的油脂相接触，存放环境不可过冷或过热，也不可与锐器和铁丝等放在一起。

（3）绝缘手套、绝缘靴要与其他安全用具放开，整齐摆放；使用中防止受潮或损伤。

（4）绝缘棒应放在架子上，验电笔使用后应放在皮匣内，并放于干燥处。

（5）对绝缘手套、绝缘靴等不许有外伤、裂纹、气泡或毛刺等。发现有问题应及时更换。如果绝缘手套遭受表面损伤或已经受潮，应及时进行处理或干燥，并在试验合格后方可继续使用。

（6）任何情况下，安全用具均不可以作他用，对安全用具应定期进行试验，各试验项目应符合相关标准和要求。

（7）所使用的安全用具应进行分类和统一编号，并做好台账，定期进行检查和试验。

（8）安全用具的定期试验由公司安环办统一负责安排进行外检、试验认真做好验收，安环办对试验结果报告进行存档保存。

（9）安全用具使用前应做好外观检查，使用完后应擦拭干净，放回原来的编号位置。

（10）检测不合格的安全用具禁止使用。

（五）电气事故处理

（1）判断故障性质。根据计算机 CRT 图像显示、光字牌报警信号、系统中有无冲击摆动现象、继电保护及自动装置动作情况、仪表及计算机打印记录、设备的外部象征等进行分析、判断故障性质。

（2）判明故障范围。设备故障时，值班人员应到故障现场，严格执行安全规程，对设备进行全面检查。母线故障时，应检查断路器和隔离开关。

（3）解除对人身和设备安全的威胁。若故障对人身和设备安全构成威胁，应立即设法消除，必要时可停止设备运行。

（4）保证非故障设备运行。对未直接受到损害的设备要认真进行隔离，必要时启动备用设备。

（5）做好现场安全措施。对于故障设备，在判明故障性质后，值班人员应做好现场安全措施，以便检查人员进行检修。

（6）及时汇报。值班人员必须迅速、准确地将事故处理的每一阶段情况报告给值长或值班长（机长），避免事故处理发生混乱。

（六）安全标识

安全标识的分类为禁止标识、警告标识、指令标识、提示标识四类，还有补充标识。

1. 禁止标识

禁止标识的含义是不准或制止人们的某些行动。禁止标识的几何图形是带斜杠的圆环，其中圆环与斜杠相连，用红色；图形符号用黑色，背景用白色。

我国规定的禁止标识共有 28 个，其中与电力相关的如：禁放易燃物、禁止吸烟、禁止通行、禁止烟火、禁止用水灭火、禁带火种、禁止启机、修理时禁止转动、运转时禁止加油、禁止跨越、禁止乘车、禁止攀登等。

2. 警告标识：

警告标识的含义是警告人们可能发生的危险。警告标识的几何图形是黑色的正三角形、黑色符号和黄色背景。我国规定的警告标识共有 30 个，其中与电力相关的如：注意安全、当心触电、当心爆炸、当心火灾、当心腐蚀、当心中毒、当心机械伤人、当心伤手、当心吊物、当心扎脚、当心落物、当心坠落、当心车辆、当心弧光、当心冒顶、当心瓦斯、当心塌方、当心坑洞、当心电离辐射、当心裂变物质、当心激光、当心微波、当心滑跌等。

3. 指令标识

指令标识的含义是必须遵守。指令标识的几何图形是圆形，蓝色背景，白色图形符号。指令标识共有 15 个，其中与电力相关的如：必须戴安全帽、必须穿防护鞋、必须系安全带、必须戴防护眼镜、必须戴防毒面具、必须戴护耳器、必须戴防护手套、必须穿防护服等。

4. 提示标识

提示标识的含义是示意目标的方向。提示标识的几何图形是方形，绿、红色背景，白色图形符号及文字。提示标识共有 13 个，其中一般提示标识（绿色背景）的 6 个如：安全通道、太平门等；消防设备提示标识（红色背景）有 7 个：消防警铃、火警电话、地下消火栓、地上消火栓、消防水带、灭火器、消防水泵结合器。

5. 补充标识

补充标识是对前述四种标识的补充说明，以防误解。补充标识分为横写和竖写两种。横写的为长方形，写在标识的下方，可以和标识连在一起，也可以分开；竖写的写在标识杆上部。补充标识的颜色：竖写的，均为白底黑字，横写的，用于禁止标识的用红底白字，用于警告标识的用白底黑字，用于指令标识的用蓝底白字。

（七）电力线路

电力线路，主要分为输电线路和配电线路。输电线路一般电压等级较高，磁场强度大，击穿空气（电弧）距离长。35kV、

110kV、220kV、330kV（少数地区）、660kV（少数地区）、DC/AC500kV、DC800kV以及新建的上海100kV都是属于输电线路。它是由电厂发出的电经过升压站升压之后，输送到各个变电站，再将各个变电站统一串并联起来就形成了一个输电线路网，连接这个"网"上各个节点之间的"线"就是输电线路。

（八）供电系统电气装置的安装与验收

（1）建筑电气工程和其他电气工程一样，反映它的施工质量有两个方面，一方面是静态的检查符合本规范的有关规定；另一方面是动态的空载试运行及与其他建筑设备一起的负荷试运行，试运行符合要求，才能最终判定施工质量为合格。鉴于在整个施工过程中，大量的时间为安装阶段，即静态的验收阶段，而施工的最终阶段为试运行阶段，两个阶段相隔时间很长，用在同一个分项工程中来填表检验很不方便，故而单列这个分项，把动态检查验收分离出来，更具有可操作性。

（2）电气动力设备试运行前，各项电气交接试验均应合格，而安装试验的核心是承受电压冲击的能力，也就是确保了电气装置的绝缘状态良好，各类开关和控制保护动作正确，使在试运行中检验电流承受能力和冲击有可靠的安全保护。现场单独安装的低压电器交接试验项目应符合《建筑电气施工质量验收规范》GB 5033—2015附录B的规定。

（3）在试运行前，要对相关现场单独安装的各类低压电器进行单体的试验和检测，符合《建筑电气施工质量验收规范》GB 50303—2015规定，才具有试运行的必备条件。与试运行有关的成套柜、屏、台、箱、盘已在试运行前试验合格。

十二、电气安装质量通病及预防

（一）金属管道安装缺陷

现象：锯管管口不齐，套丝乱扣，管口有毛刺，管材弯曲半径过小，有扁、凹、裂现象，管口插入箱盒长度不一。

原因分析：由于手工操作时未扶直锯架或锯条未保持平直导致管口不齐，未按规格标准调整绞板或者板牙掉齿缺乏润滑油导致套丝乱扣，管口毛刺未用锉刀光口，煨弯时出弯过急或弯管器的槽过宽也会出现管径弯扁及表面凹裂现象，管口进入箱盒长短不一致是由于箱盒内外边未用锁母或护围帽固定。

（二）金属线管接地线安装和防腐处理缺陷

现象：接地线截面不够、焊接面积过小、管材未进行除锈刷漆、煨弯及焊接处刷漆有遗漏。

原因分析：金属线管安装接地线时未考虑与管内导线截面的关系，对规范不熟，对金属线管除锈防腐的目的不明确。

（三）管内穿线缺陷

现象：先穿线后装护口或根本未设护口，导线背扣或死扣损伤绝缘层，相线未进开关，相零线颜色不统一，PE线不采用黄绿双色绝缘导线。

原因分析：穿线前应严格装好护口，管口无螺纹的可装塑料护口，穿线前放线时整圈线往外抽拉，引起螺旋形圈集中出现背扣或死扣，相线和零线使用同一颜色的导线不易区分，且在断线留头时未严格做好记号，以致相零线混淆不清结果相线未进开关，对同一建筑物内的导线，其颜色选择应统一，即 ABC 三相导线颜色应始终统一，保护地线（PE 线）应严格采用黄绿相间的绝缘导线，零线宜采用淡蓝色绝缘导线。

（四）接地装置施工质量通病

现象：接地体和接地线截面积过小，接地体间的间距不够，接地导体连接面不合规范要求，多台电气设备的接地线采用串接接法，采用螺栓连接时接触面未经处理造成接触不良，防雷及工作（保护）焊接搭接长度不够，接地体引出线或焊接处未做防腐处理及涂漆粗糙，PE 线截面不符合规范要求，中间有断接现象。

原因分析：施工时对接地装置导体截面未做详细计算，对施工规范不熟悉，操作马虎，不重视。应该知道防雷及接地不规范，除了会影响防雷效果和接地安全外，严重的还会产生反击和各种二次事故。因此，防雷及接地的制作安装必须按规范进行。

（五）电气照明装置安装质量通病

现象：木台固定不牢固，木台将导线压扁，较重灯具采用软线自身吊装，灯具内导线有接头，接线时相线直接接在灯头上，灯具金属外壳带电，成排成行的灯具不齐整，高度不一致。

原因分析：固定木台时未考虑木台的大小和安装场所的结构，对木台未进行加工处理，未考虑灯具的重量，接线时相零线无明显的区别，而使接线错误，在安装金属外壳灯具时未加接保护接地线，暗配线、明配线定灯位时未弹十字线、中心线，也未加装灯位调节板。

（六）吊式荧灯群安装缺陷

现象：成排成行的灯具不整齐，高度不一致，吊线（链）上下挡距不一致，出现梯形，距地在2.5m以下的日光灯的金属外壳不做保护接地（零），灯具喷漆破坏，外观不整洁。

原因分析：

（1）暗配线、明配线定灯位时未弹出十字线、中心线，也未加装灯位调节板。吊灯装好后未拉水平线测量定出中心位置，使安装的灯具安装不成行，高低不一致。

（2）采用空心圆孔板的房间受到板肋的影响，造成灯具的挡距不一致。

（3）金属灯具需做保护接地的规定不明确，灯具的贮存、运输、安装过程中未妥善保管，同时过早地拆去包装。

预防措施：

（1）成行吊式日光灯安装时，如有三盏灯以上，应在配线时弹好十字中线，按中心线定灯位。如果灯具超过10盏，需要增加尺寸调节板，用吊盒的改用法兰盘，这种调节板可以调节3cm的幅度。如法兰盘增大时，调节范围可以加大。

（2）为了上下吊距开挡一致，若灯位中心遇到楼板肋时可以用射钉枪射注螺栓，或者统一改变日光灯架吊环间距，使吊线（链）上下一致。成排成行吊式日光灯吊装后，在灯具端头处应再拉一直线，统一调整以保持灯具水平一致。

（3）吊装管式日光灯时，铁管上部可用锁母、吊钩安装，使垂直于地面，以保持灯具平整。

（4）距地2.5m以下的金属灯具，应认真做好保护接地及保护接零。

（5）灯具在安装运输中应加强保管，成批灯具应进入成品库，设专人保管，建立责任制度，对操作人员应做好成品保护质量的技术交底，不可过早地拆除包装。

（6）灯具不成行，高度、挡距不一致超过允许限度时，应用调节板调整，2.5m 以下的金属灯具没有保护接地（零）线时，应一律用 2.5mm^2。

（七）开关、插座安装质量通病

现象：金属盒生锈腐蚀，盒内不干净，盒口抹灰不齐整，暗开关、插座芯安装不牢固，插座接线孔排列顺序不合规定。

原因分析：抹灰时只注意大面积平整，忽视盒口的修整，盒内弹簧弓子松脱，或损坏插座接线孔应为左零右相上接地或上相下零。

十三、电气施工放线

本节主要介绍电气综合点位图纸的落实。

（1）电工在装饰主控线、轴线、完成面控制线完成后，进行木工软包、硬包、木饰面、大理石完成面线、墙面造型线放线时同步进入，提前理解装饰不同墙地面分割图纸、设计师意图及现场放线实际情况（图13-1）。

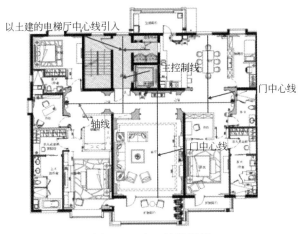

图 13-1　电工放线图纸

（2）根据各专业电气图纸，把所有有关点位整合在一个平面内，会同装饰设计师一起在平立面落实位置标注尺寸。然后分发各专业施工单位审核，确认所落实点位位置可行、功能保证。然后根据反馈信息调整，最终会签确认点位图纸。理论上落实位置（图13-2）。

（3）根据不同点位面板制作相应喷绘模板（图13-3）。

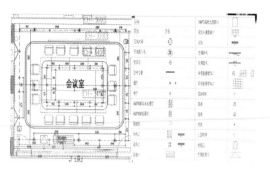

图 13-2　综合点位排布

图 13-3　喷绘模板

（4）现场放线、点位定位放线：对照点位图纸，根据标注尺寸测量，对照现场装饰所放的分割线，确认各个点位是否正确，有无偏差。两者结合，最后落实具体位置。然后用准备好的模板和喷漆将其图标喷绘到墙（图 13-4）。

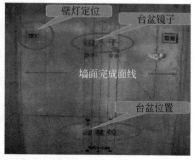

图 13-4　现场放线、点位放线

（5）管路放线：根据点位位置以及管线深化图，确定线管走向及位置，弹线定位。吊顶内线管，在确定管路走向的同时，还要注意管道、管线空间位置合理布局，避免出现拆改现象（图13-5）。

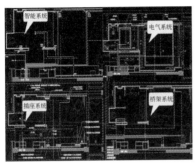 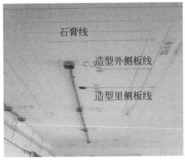

图 13-5　管路放线

十四、配电箱、柜安装

（一）安装流程

1. 配电箱安装流程（图 14-1）

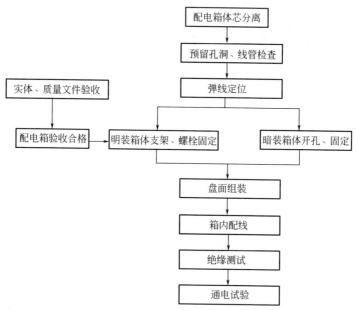

图 14-1　配电箱安装流程

检查项目：

（1）配电箱进场验收程序同配电柜。

（2）安装前将箱芯拆下，注意妥善保存箱芯和有关螺栓等，不得磕碰、雨淋，盘芯与箱体分别做好标示，然后将箱体安装。

（3）根据土建 50 线确定箱体的安装高度，一般距地 1.4m。

（4）箱体开孔严禁切割施工，应用开孔器开孔，做到一孔一管，注意控制箱体的标高和出墙尺寸，并焊接接地线，保持接地的连续性。

（5）箱体固定的垂直偏差应控制在 1.5% 之内。

（6）盘面组装时，应先将箱芯固定，暗装箱应将箱盖紧贴墙面。

（7）箱内配线应整齐，无铰接现象，导线连接紧密，不伤芯断股，垫圈下螺栓两侧导线截面相同，同一端子上导线连接不多于 2 根，防松垫圈齐全，回路编号齐全，标示正确，多股导线应涮锡或压接不开口接线端子。

（8）全部电器元件安装完毕，用 500MΩ 表对线路绝缘遥测，检查各线之间绝缘，并做好记录，绝缘电阻值必须大于 0.5MΩ。

（9）通电测试各相电源，分清相序。

2. 配电柜安装流程

（1）配电柜安装：应按施工图的布置，将配电柜按照顺序逐一就位在基础型钢上。单独配电柜进行柜面和侧面的垂直度的调整可用加垫铁的方法解决，但不可超过三片，并焊接牢固。成列配电柜各台就位后，应对柜的水平度及盘面偏差进行调整，应调整到符合施工规范的规定。

（2）挂墙式的配电箱可采用膨胀螺栓固定在墙上，但空心砖或砌块墙上要预埋燕尾螺栓或采用对拉螺栓进行固定。

（3）安装配电箱应预埋套箱，安装后面板应与墙面平。

（4）配电柜调整结束后，应用螺栓将柜体与基础型钢进行紧固。

（5）配电柜接地：每台配电柜单独与基础型钢连接，可采用铜线将柜内 PE 排与接地螺栓可靠连接，并必须加弹簧垫圈进行防松处理。每扇柜门应分别用铜编织线与 PE 排可靠连接。

（6）配电柜顶与母线进行连接，注意应采用母线配套扳手按照要求进行紧固，接触面应涂中性凡士林。柜间母排连接时应注意母排是否距离其他器件或壳体太近，并注意相位正确。

（7）控制回路检查：应检查线路是否因运输等因素而松脱，并逐一进行紧固，电器元件是否损坏。原则上配电柜控制线路在出厂时就进行了校验，不应对柜内线路私自进行调整，发现问题应与供应商联系。

（8）控制线校线后，将每根芯线煨成圆圈，用镀锌螺栓、眼圈、弹簧垫连接在每个端子板上。端子板每侧一般一个端子压一根线，最多不能超过两根，并且两根线间加眼圈。多股线应涮锡，不允许有断股。

（二）安装技术措施

（1）在配电箱（柜）内，有交、直流或不同电压时，应有明显的标识或分设在单独的板面上。

（2）导线引出板面，均应套设绝缘管。

（3）配电箱安装垂直偏差不应大于 3mm，暗设时，其面板四周边缘应紧贴墙面，箱体与建筑物的接触部分应刷防腐漆。

（4）照明配电箱安装高度，底边距地面一般为 1.5m，三相四线制供电的照明工程，其各相负荷层均匀分配。

（5）配电箱内装设的螺旋式熔断器，其电源线应接在中间触点的端子上。

（6）配电箱上应标明用电回路名称。

（三）质量标准

1. 配电柜安装固定（图 14-2）

（1）按照 1∶1 的柜体焊接槽钢基础，焊接缝应光洁均匀，无穿孔、裂纹、咬边、溅渣等。

（2）焊接完成后的基础钢架打磨后需做好防锈处理。

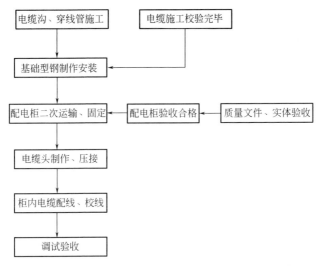

图 14-2　电柜安装固定图

（3）基础钢架安装时需要注意接地线的压接不能遗忘，需要与箱体做好二次接地线连接。

2. 配电箱安装（图 14-3）

根据设计要求找出配电箱（盘）位置，并按照箱（盘）的外形尺寸进行弹线定位；弹线定位的目的是对有预埋木砖或铁件的情况，可以更准确地找出预埋件，或者可以找出金属胀管螺栓的位置。

图 14-3　配土电箱安装图

3. 箱内接线（图 14-4）

（1）配电箱（盘）带有器具的铁制盘面和装有器具的门及电器的金属外壳均应有明显可靠的 PE 保护地线（PE 线为黄绿相间的双色线也可采用编织软铜线），但 PE 保护地线不允许利用箱体或盒体串接。

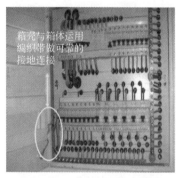

图 14-4　配电箱内接线图

（2）导线剥削处不应伤线芯过长，导线压头应牢固可靠，多股导线不应盘圈压接，应加装压线端子（注：有压线孔者除外）。如必须穿孔用顶丝压接时，多股线应涮锡后再压接，不得减少导线股数。

4. 线路绝缘测试

（1）导线接线结束、线槽敷线结束后，一定要盖好盖板，盖板平整、无翘角。

（2）检查：导线的连接及包扎全部完成后，应进行自检和互检，检查导线接头及包扎质量是否符合规范要求以及质量评定标准的规定。

（3）绝缘电阻摇测（图14-5）：管内导线穿好后在电器器具未安装前和安装后分别进行支路导线绝缘摇测。一般选用500V，量程为 $0 \sim 500M\Omega$ 的兆欧表，照明线路的绝缘电阻不小于 $0.5M\Omega$，动力线路的绝缘电阻不小于 $1M\Omega$。一人摇测，一人及时读数，摇动速度应保持在 120r/min 左右，读数应采用 1min 后的读数为宜，并做好记录，确认绝缘电阻无误后再送电试运行。雷电气候下禁止测定线路绝缘。

图 14-5　线路绝缘测试

5. 配电箱进出电缆处封堵（图 14-6）

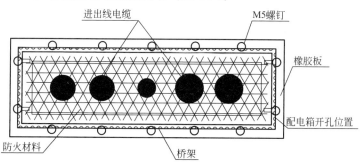

图 14-6　配电箱进出电缆处封堵

十五、布管和布线

（一）管路敷设施工

1. 施工准备

（1）材料：薄壁钢管、钢质接线盒、分线盒、直管接头、爪形螺纹管接头、直角弯管、金属线管管卡、吊杆、地线卡子、开关盒、插座盒等的规格应与面板、盖板相配套。

（2）电动机具：台钻、手电钻、电锤、电焊机、气焊工具、射钉枪。

（3）手动机具：手扳弯管器、液压开孔器、专用扳子、活扳子、钢锯、扁锉、半圆锉、圆锉、手锤、錾子、钻头、管钳子、水平尺、角尺、卷尺、线坠。

2. 操作工艺

（1）暗管敷设工艺流程

测位—剔墙槽、盒孔—开关盒、插座盒水泥砂浆封堵定位—爪形螺纹管接头与箱、盒紧固—断管、铣口—管路敷设—拧断固定螺钉接地—管路固定。

（2）明管敷设工艺流程

测位—开关盒、插座盒、灯头盒定位—爪形螺纹管接头与箱、盒紧固—断管、铣口—管路敷设—拧断固定螺钉管路接地—管路固定。

3. 测定盒、箱及管路固定点位置

（1）暗管敷设

测位：

1）根据施工图纸确定箱、盒轴线位置，以弹出的水平线为

基准，挂线找平，线坠找正，标出箱、盒实际位置。成排、成列的箱、盒位置，应挂通线或十字线。

2）暗配的电线管路沿最近的路线敷设，并应减少弯曲；埋入墙体或混凝土内的导管，与墙体或混凝土表面的净距不应小于15mm。

（2）剔墙槽、盒孔

砖墙或砌体墙需剔槽时，应在槽两边弹线，用快錾子剔。槽宽及槽深均以比管外径大5mm为宜。

（3）开关盒、插座盒水泥砂浆封堵定位

根据施工管路的要求，箱、盒时注意引出管的定向，混凝土墙、砌体墙的箱、盒，用强度不小于M10的水泥砂浆稳住，灰浆应饱满、平整、牢固、坐标正确，多盒并列密拼安装间隙应为11mm。如为轻钢隔墙时可用龙骨作支架固定箱、盒在竖向龙骨上。

4. 管路固定方法

（1）暗管敷设

砖墙或砌体墙剔槽敷设的管路，每隔1000mm左右用铅丝、铁钉固定。

（2）明管敷设

固定点的距离应均匀，管卡与终端、转弯中点、电气器具或接线盒边缘的距离为150～300mm。中间管卡最大距离：钢管直径15～20mm，最大距离1000mm；钢管直径25～32mm，最大距离1500mm；钢管直径40～50mm，最大距离2000mm。支架、吊架应按设计图纸要求进行加工。支架、吊架的规格设计无规定时，应不小于以下规定：扁钢支架：30mm×3mm；角钢支架：25mm×25mm×3mm。

5. 管路敷设

（1）暗管路敷设

1）采用直管接头连接，管的接口应在直管接头内中心即1/2处。根据配管线路的要求采用90°直角弯管接头时，管的接口应插入直角弯管的承插口处，并应到位，再拧断固定螺钉压接，使其整个线路形成完整的统一接地体。

2）管路两个接线点之间的距离在下列长度范围内，应加装接线盒。接线盒的位置应便于穿线和检修：管路无弯时，不超过30m；管路有一个转弯时，不超过20m；管路有两个转弯时，不超过15m；管路有三个转弯时，不超过8m。

（2）明管路敷设

1）采用直管接头连接，管的接口应在直管接头内中心即1/2处。根据配管线路的要求采用90°直角弯管接头时，管的接口应插入直角弯管的承插口处，并应到位，再拧断固定螺钉压接，使其整个线路形成完整的统一接地体。

2）管路两个接线点之间的距离在下列长度范围内，应加装接线盒。接线盒的位置应便于穿线和检修：管路无弯时，不超过30m；管路有一个转弯时，不超过20m；管路有两个转弯时，不超过15m；管路有三个转弯时，不超过8m。

3）明配管弯曲半径一般不小于管外径的6倍；当两个接线盒之间只有一个弯曲时，其弯曲半径不宜小于管外径的4倍。加工方法可采用冷煨法和定型弯管。

6. 管路连接

拧断固定螺钉管路接地：

管入箱、盒应采用爪形螺纹管接头。使用专用扳子锁紧，爪形根母护口要良好，使金属箱、盒达到导电接地的要求。箱、盒开孔应整齐，应与管径相吻合，要求一管一孔，不得开长孔。铁制箱、盒严禁用电气焊开孔。两根以上管入箱、盒，要长短一致，间距均匀，排列整齐。

（二）管内穿线绝缘导线安装

1. 范围

本工艺标准适用于工业和民用建筑照明配线工程的管内

穿线。

2.施工准备

（1）材料准备

绝缘导线：导线的规格、型号必须符合设计要求，并应有出厂合格证、"CCC"认证标识和认证证书复印件及生产许可证。导线进场时要检验其规格、型号、外观质量及导线上的标识，并用卡尺检验导线直径是否符合国家标准。

辅助材料：焊锡、焊剂、绝缘带、滑石粉、绝缘胶布等。

（2）主要机具

克丝钳、尖嘴钳、剥线钳、压线钳、电工刀、一字及十字改锥、万用表、兆欧表、电炉子、电烙铁、锡锅、锡斗、锡勺、电工常用工具等。

（3）作业条件

混凝土结构工程必须经过结构验收和核定；砖混结构工程必须初装修完成以后进行；做好成品保护，箱、盒及导线不应破损及被灰浆污染；穿线后线管内不得有积水及潮气侵入，必须保证导线绝缘强度符合规范要求。

3.操作工艺

（1）工艺流程

选择导线—穿钢丝—放线及断线—导线与钢丝的绑扎—管内穿线—导线连接—接头包扎—线路检查及绝缘摇测。

（2）施工方法及要求

1）选择导线

① 根据设计图纸要求，正确选择导线规格、型号及数量。

② 穿在管内绝缘导线的额定电压不低于450V。

2）穿钢丝

钢丝用直径1.2～2.0mm的铁丝，头部弯成不封口的圆圈，以防止在管内遇到管接头时被卡住，将钢丝穿入管路内，在管路的两端留有20cm的余量。

如在管路较长或转弯时，可在结构施工敷设管路的同时将钢丝一并穿好并留有 20cm 的余量后，将两端的钢丝盘入盒内或缠绕在管头上固定好，防止被其他人员随便拉出。

当穿钢丝受阻时，采用两端同时穿钢丝的办法，将两根钢丝的头部弯成半圆的形状，使两根钢丝同时搅动，将两端头相互钩绞在一起，然后将钢丝拉出。

3）放线及断线

① 放线前应根据图纸对导线的品种、规格、质量进行核对。

② 放线：对整盘导线放线时，将导线置于放线架或放线车上，放线避免出现死扣和背花。

③ 断线：剪断导线时，盒内导线的预留长度为 15cm，箱内导线的预留长度为箱体周长的 1/2，出户导线的预留长度为 1.5m。

4）导线与钢丝的绑扎

① 当导线根数为 2～3 根时，可将导线前端的绝缘层剥去，然后将线芯直接与钢丝绑扎牢固，使绑扎处形成一个平滑的锥体过渡部位。

② 当导线根数较多或导线截面较大时，可将导线前端的绝缘层削去，然后将线芯斜错排列在带线上，用绑线缠绕绑扎牢固，使绑扎接头处形成一个平滑的锥体过渡部位，便于穿线。

5）管内穿线

① 当管路较长或转弯较多时，要在穿线的同时向管内吹入适当的滑石粉。

② 两人穿线时，一拉一送，配合协调。

③ 管内穿线的准备工作和穿线工作（图 15-1）。

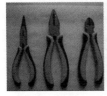

图 15-1　管内穿线设备

④ 穿线注意事项（图 15-2）

电线在穿管前应将管口上好护口，以防止线路的破损

图 15-2　穿线注意事项图

a.不同回路、不同电压和交流与直流的导线，不得穿入同一根管材内，但下列几种情况或设计有特殊规定的除外：电压为50V 及以下的回路；同一台设备的电机回路和无抗干扰要求的控制回路；照明花灯的所有回路；同类照明的几个回路，可穿于同一根管内，但管内导线总数不应多于 8 根。

b.同一交流回路的导线必须穿于同一钢管内。

c.导线在管内不得有接头和扭结，其接头应在接线盒内连接。

d.导线穿入钢管时，管口处应装设护口保护导线；在不进入接线盒（箱）的垂直管口，穿入导线后应将管口密封。

e.导线在变形缝处，补偿装置应活动自如，导线应留有一定的余度。

6）导线连接（图 15-3）

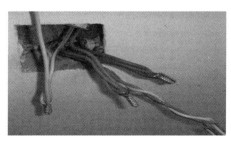

图 15-3　导线连接图

① 导线连接时，必须先削掉绝缘去掉导线表面氧化膜，再

进行连接、加锡焊、包缠绝缘，同时导线接头必须满足下列要求：

a. 导线接头要紧密、牢固，不能增加导线的电阻值。

b. 导线接头受力时的机械强度不能低于原导线的机械强度。

c. 导线接头包缠绝缘强度不能低于原导线绝缘强度。导线连接要牢固、紧密、包扎要良好。

② 导线的连接应符合下列要求：

a. 当设计无特殊规定时，导线的连接方法有：绑扎、套管连接、接线箅子连接和压线帽连接。

b. 绑扎连接处的焊锡缝应饱满，表面光滑；焊剂应无腐蚀性，焊接后应清除残余焊剂。

c. 套管、接线箅子和压线帽连接选用与导线线芯规格相匹配，压接时压接深度、压接数量和压接长度应符合产品技术文件的有关规定。

d. 剖开导线绝缘层时，不应损伤线芯；线芯连接后，绝缘带应包缠均匀紧密，在接线箅子的根部与导线绝缘层间的空隙处，应采用绝缘带包缠严密。

③ 导线在盒（箱）内导线连接

a. 单芯线并接接法：三根及以上导线连接时，将连接导线绝缘台并齐合拢，在距绝缘台约 15mm 处用其中一根线芯，在其连接端缠绕 5 圈后剪断，把余头并齐折回压在缠绕线上，两根导线连接时，将连接导线绝缘台并齐合拢，在距绝缘台约 15mm 处用两根线芯捻绞 2 圈后，留余线适当长后剪断折回压紧。

b. 不同直径导线接头：如果由粗细不同的多根导线（包括截面小于 $2.5mm^2$ 的多芯软线）连接时，应先将细（软）线涮锡处理，然后再将细（软）线在粗线上距离绝缘台 15mm 处交叉，并在线端部向粗导线端缠绕 5～8 圈，将粗导线端折回头压在细（软）线上，最后再做涮锡处理。

④ 铜导线连接的锡焊

铜导线连接后，要用锡焊焊牢，应使用溶解的焊剂，流入接头处的任何部位，以增加机械强度和良好的导电性能，并避免锈蚀和松动，锡焊应均匀饱满，表面有光泽、无尖刺。先在连接部位上涂上焊料（常用焊锡膏，不得使用酸性焊剂，因为它有腐蚀铜质的缺陷），根据导线截面不同，焊接方法也不同，无论采用哪种焊法，为了保证接头质量，从导线线芯清洁光泽到接线焊接，尽可能时间短，否则会增加导线氧化程度，影响焊接质量。

喷灯加热上锡法：喷灯加热（或用电炉加热）：对于 $16mm^2$ 及以上的导线接头上锡，如使用烙铁加热不能焊好，可用喷灯对接头处加热再上锡或将焊锡放在锡勺（或锡锅）内，然后用喷灯（或电炉）加热，焊锡熔化后，把导线接头调直，放在锡锅上面，用勺盛上熔锡从上面浇下，刚开始浇锡时，由于接头温度还未升到一定程度，焊锡有凝结状态，应继续浇锡，使接头提高温度，宜到全部焊牢为止。

7）接头包扎

首先用橡胶（或粘塑料）绝缘带将其拉长 2 倍从导线接头处起始端的完好绝缘层开始，缠绕 1～2 个绝缘带幅宽度后，再以半幅宽度重叠进行缠绕，在缠绕过程中应尽可能收紧绝缘带，缠到头后在绝缘层上缠绕 1～2 圈后，再进行回缠。回缠完成后再用黑胶布包扎，包扎时要衔接好，以半幅宽度压边进行缠绕，同时在包扎过程中收紧黑胶布，导线接头两端应用黑胶布封严密。

8）导线绝缘电阻值检测

线路检查。导线的连接及包扎全部完成后，应进行自检和互检，检查导线接头及包扎质量是否符合规范要求及质量标准的规定，检查无误后进行绝缘摇测。

摇测方法：线路摇测必须分两次进行：

① 管内穿导线后在电气器具未安装前进行各支路导线绝缘摇测。首先按户进行，将灯头盒内的导线分开，开关盒内的导线连通，分别摇测照明（插座）支线、干线的绝缘电阻。一人摇测，一人及时读数，摇动速度应保持在 120r/min 左右，读数应采用 1min 后的读数为宜，并应做好记录。

② 照明器具全部安装后在送电前，再按系统、按单元、按户摇测一次线路的绝缘电阻。首先将线路上的开关、刀闸、仪表、设备等置于断开位置，一人摇测，一人及时读数，摇动速度应保持在 120r/min 左右，读数应采用 1min 后的读数为宜，并做好记录，竣工归档，确认绝缘电阻的摇测无误后再进行送电试运行。

（三）质量标准

（1）导线规格和型号必须符合设计要求和国家标准的规定。

（2）单相交流单芯电线、电缆不得单独穿于钢导管内。

（3）照明线路的绝缘电阻值不小于 0.5MΩ，动力线路的绝缘电阻值不小于 1MΩ。

（4）爆炸危险环境照明线路的电线、电缆额定电压不得低于 750V，且必须穿于钢管内。

（5）盒、箱内清洁无杂物，护口、护线套管齐全无脱落，导线排列整齐，并留有适当的余量。导管在管内无接头，不进入盒、箱的垂直管材上口穿线后密封良好，导线连接牢固，不伤线芯，涮锡饱满，包扎严密，绝缘良好。

（6）接地（接零）线截面选用正确、连接牢固紧密。

十六、电缆敷设

（一）施工准备

1. 设备及材料要求

敷设电缆前需要确定所放电缆的型号，根据型号配置相应的设备及机械设施配套装备，并且电缆绝缘电阻测试合格。

2. 主要机具（图 16-1）

图 16-1　电缆敷设主要机具图

3. 作业条件

（1）电缆的起点及终点设备已安装完毕，位号标识准确清楚。电缆敷设表编制完毕，表册中应标明每根电缆使用的电缆盘号、敷设的先后次序。敷设次序应是先远距离，后近距离。根据设计和电缆的实际情况，合理安排，避免浪费和接头。

（2）技术交底和安全技术交底已做完，并存记录卡。

（3）当电缆沿桥架敷设时，若没有人行通道，应予先沿全长搭设脚手架，绑扎牢固。辅助材料已供货到位，如电缆扎带、电缆标牌、电缆标识桩等。

（4）电缆的电气绝缘已检查。

（5）电缆敷设的方案已确认。

（二）电缆沿支架、桥架敷设

1. 水平敷设

电缆沿桥架或托盘敷设设计无要求时，应将电缆单层敷设，排列整齐，不得有交叉，拐弯处应以最大截面电缆允许弯曲半径为准；不同电压的电缆应分层敷设，高压电缆应敷设在最上层，同等级电压的电缆沿桥架敷设时，电缆水平净距不得小于35mm；首尾两端转弯两侧及每隔5～10m处设固定点；控制电缆可多层敷设，但填充不能大于40％；不同电压等级的电缆在同层敷设时应加隔板（图16-2）。

图16-2 电缆沿支架、桥架水平敷设

2. 垂直敷设

绝缘导线在槽盒内应留有一定余量，并应按回路分段绑扎，绑扎点间距不应大于1.5m；当垂直或大于45°倾斜敷设时，应将绝缘导线分段固定在槽盒内的专用部件上，每段至少应有一个固定点；当直线段长度大于3.2m时，其固定点间距不应大于1.6m；槽盒内导线排列应整齐、有序（图16-3）。

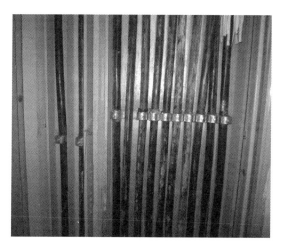

图 16-3　电缆沿支架、桥架垂直敷设

（三）挂标识牌

标识牌挂法如图 16-4 所示。

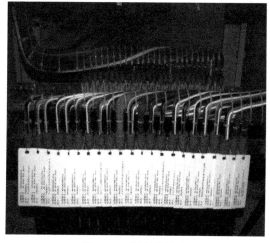

图 16-4　标识牌挂法

(四）质量标准

（1）主控项目：电缆敷设严禁有绞拧、铠装压扁、护层断裂和表面严重划伤等缺陷。

（2）一般项目：电缆桥架转弯处的弯曲半径不小于桥架内电缆最小允许弯曲半径。

（3）电缆最小弯曲半径和检验方法（表 16-1）。

电缆最小允许弯曲半径（D 为电缆外径）   表 16-1

序号	电缆种类	最小允许弯曲半径
1	无铅包钢铠护套绝缘电力电缆	$10D$
2	有钢铠护套的橡皮电力电缆	$20D$
3	聚氯乙烯绝缘电缆	$10D$
4	交联聚氯乙烯绝缘电缆	$15D$
5	多芯控制电缆	$10D$

（4）应注意的质量问题

1）沿桥架敷设电缆时，应防止电缆排列不整齐、交叉严重，电缆施工前需将电缆事先排列好，划出排列图表，按照图表进行施工。电缆敷设时，应敷设一根整理一根，卡固一根。

2）沿桥架或托盘敷设的电缆应防止弯曲半径不够，在桥架或推盘施工时，施工人员应考虑满足该桥架或托盘上敷设的最大截面电缆的弯曲半径的要求。

防止电缆标识牌悬挂不整齐，或有遗漏，应由专人复查。

（5）质量记录

1）电缆产品合格证 "CCC" 认证标识。

2）电缆摇测记录或耐压验收记录。

3）各种金属型钢材质证明、合格证。

4）自互检记录。

5）工序交接记录。

6）分项工程质量验收记录。

（五）成品保护

　　电缆及附件在安装前的保管要求系指保管期限在一年以内者，允许长期保管时，应遵守设备保管专门规定；在运输中电缆盘不应受损，禁止将电缆盘直接由车上推下，电缆盘不应平放运输和平放储存；安装完成后的成品电缆应该及时将桥架盖板安装到位，防止偷盗、安全隐患的发生。

十七、开关、插座和底盒安装

（一）施工准备

塑料胀管、镀锌螺栓、卷尺、水平尺、线坠、剥线钳、电钻、电锤等（图 17-1）。

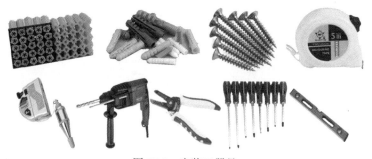

图 17-1　安装工器具

（二）操作工艺

（1）将电线的端头用剥线钳把绝缘层剥去 3cm 长，外露裸线。

（2）用钳子把这几股线拧紧，要求拧到 4～5 圈，不能有一点松动，多股线用钳子拧紧后，绝大多数都会长短不齐，还需要用钳子将其剪齐，这样在压线时，就可以压得更准确。

（3）把压线帽套在裸线上，使其金属箍准确套在电线上。

（4）用专用的电线压线钳把压线帽放在合适的位置上，用力压紧（必须选择适当的压线帽与压线钳上的槽口对称），如图

17-2 所示。

压线帽与压线钳必须对号入座

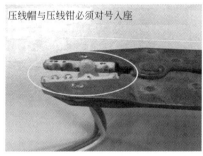

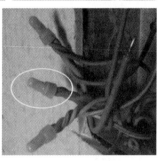

将长短不齐线路剪去

图 17-2　操作工艺

（三）安装开关、插座

清理、结线、安装。用錾子轻轻地将盒内残存的灰块剔掉，同时将其他杂物一并清出盒外，用湿布将盒内灰尘擦净，再进行接线、安装。

（四）质量标准

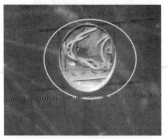

防火措施一：运用防火棉在插座、开关四面隔堵

防火措施二：将接线端子用胶布包扎隐藏

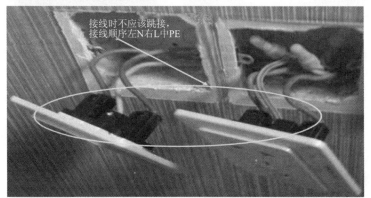

接线时不应该跳接，接线顺序左N右L中PE

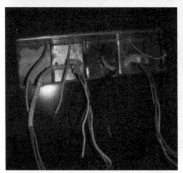
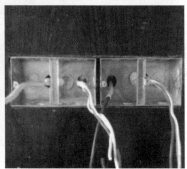

图 17-3　质量标准

（1）特殊材质上面开孔：玻璃墙面开孔先将原预埋盒点位确认好，再在玻璃上开孔，开孔时注意应开圆孔不要开方孔，圆孔

能够增加安装开关面板时的接触面，不宜损坏玻璃而方孔在安装时所接触的面过小，容易将玻璃损坏；在开圆孔时应注意所开圆边不宜超过盒边，应保证面板螺栓好安装为准。

（2）木饰面、硬软包等易燃装饰面上安装开关插座，应采取防火措施。

（3）开关插座内接线应并头分支，再接入接线柱，不应跳接或几根一起压入同一接线柱内。

（4）木饰面、石材、软包墙面套盒的安装：在增加套盒前先将底盒用盖板盖好，电线用黄蜡管保护引出盒子；在木饰面、石材、软包上开孔时孔必须比原来尺寸小 2mm；所安装的套盒为活动盒套可以拆卸，以便于维修（图 17-3）。

（五）成品保护

安装完成后运用成品保护膜做好面层保护，防止灰浆进入破坏面层（图 17-4）。

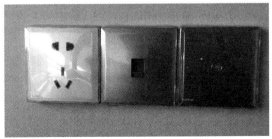

图 17-4　成品保护

（六）应注意的质量问题

（1）开关、插座的面板不平整，与建筑物表面之间有缝隙，应调整面板后再拧紧固定螺钉，使其紧贴建筑物表面。

（2）开关未断相线，插座的相线、零线及地线压接混乱，应按要求进行改正。

（3）多灯房间开关与控制灯具顺序不对应。在接线时应仔细分清各路灯具的导线，依次压接，并保证开关方向一致。

（4）同一房间的开关、插座的安装高度之差超出允许偏差范围，应及时更正。

（5）铁管进盒护口脱落或遗漏。安装开关、插座接线时，应注意把护口带好。

（七）应具备的质量记录

（1）各型开关、插座及绝缘导线产品合格证。

（2）开关、插座安装工程预检、自检、互检记录。

（3）设计变更洽商记录、竣工图。

（4）电气绝缘电阻测试记录。

（5）电气照明器具及其配电箱（盘）安装分项工程质量检验评定记录。

十八、灯具安装

（一）施工准备

机具及耗材准备（图18-1）。

图18-1 施工机具及耗材准备

（二）操作工艺

1. 工艺流程
检查灯具—组装灯具—安装灯具—通电试运行。

2. 灯具检查
（1）在易燃和易爆场所应采用防爆式灯具。

（2）有腐蚀性气体及特征潮湿的场所应采用封闭式灯具，灯具的各部件应做好防腐处理。

（3）潮湿的厂房内和户外的灯具应采用有泄水孔的封闭式灯具；多尘的场所应根据粉尘的浓度及性质，采用封闭式或密闭式灯具。

（4）灼热多尘场所（如出钢、出铁、轧钢等场所）应采用投光灯。

（5）可缺受机械损伤的厂房内，应采用有保护网的灯具。

（6）振动场所（如有锻锤、空压机、桥式起重机等），灯具应有防装措施（如采用吊链软性连接）。

（7）除开敞式外，其他各类灯具的灯泡容量在100W及以上者均应采用瓷灯口。

3. 灯具组装流程（图18-2）

检查项目：

（1）材料验收：检查灯具规格型号是否符合图纸和设计要求，质量证明文件和合格证应齐全，并应有"3C"标识和证书。检查零部件是否齐全，表面是否有损伤，灯头线是否符合要求。

（2）灯具组装：根据灯具的组装示意图，进行各部件的组装。选择适宜的场地，戴上纱线手套，灯内穿线的长度适宜，多股软线应涮锡，理顺导线，用尼龙扎带绑扎避开灯泡的发热区。

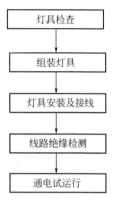

图18-2 灯具组装流程

（3）灯具的安装接线：

1）普通座式灯的安装

① 将电源线留足维修长度去除多余长度并剥去前端线皮。

② 分清相线和零线，螺口灯具的弹簧片应接相线，螺口接零线，不得混淆。

③ 将灯的底座在顶板上划眼，然后打膨胀塞，固定灯具。

2）日光灯的安装

① 打开灯具底座板，将底座板贴近屋面顶板，使之盖住接线盒，对着接下盒位置开孔。

② 比着灯座安装孔用铅笔画好安装孔位置，打眼，塞膨胀塞，将电源线引出并固定底座。

③ 将灯头线与导线连接，盖上底座盖板，装上日光灯管。

（4）绝缘摇测：用500V绝缘摇表测相线和零线，零线和地线，相线对地线，绝缘电阻值应保证在 0.5MΩ 以上。

（5）测试合格后，通电试验。公共建筑 24h 开启，民用建筑 8h，每隔 2h 小时记录一次，在运行时间内无故障，方为合格。

4. 普通灯具安装（图 18-3）

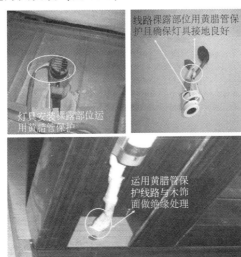

图 18-3　普通灯具安装

5. 特殊灯具的安装

质量大于 10kg 的灯具其固定装置应按 5 倍灯具重量的恒定均布载荷全数做强度试验，历时 15min，固定装置的部件应无明显变形（图 18-4）。

图 18-4　特殊灯具组装

6. 通电试运行

（三）质量标准

（1）各类灯具型号及使用场所必须符合设计要求和施工规范的规定。

（2）3kg以上的灯具，必须预埋吊钩或螺栓，预埋件必须牢固可靠，大型灯具需要有独立的拉拔试验记录。

（3）低于2.4m以下的灯具的金属外壳部分应做好接地或接零保护。

（四）成品保护

电器设备成品打包时应注意，灯具在打包时必须切断电源，否则一旦打开，灯具发热会产生火灾隐患（图18-5）。

图18-5　成品保护

（五）应注意的质量问题

（1）成排灯具的中心线偏差超出允许范围。在确定成排灯具的位置时，必须拉线，最好拉十字线。

（2）吊链日光灯的吊链选用不当，应按下列要求进行更换：

1）单管无罩日光灯链长不超过 1m 时，可使用爪子链。

2）带罩或双管日光灯以及单管无罩日光灯链长超过 1m 时，应使用铁吊链。

3）采用木结构明（暗）装灯具时，导线接头和普通塑料导线裸露，应采取防火措施，导线接头应放在灯头盒内或器具内，塑料导线应改用护套线进行敷设，或放在阻燃型塑料线槽内进行明配线。

（六）质量记录

（1）灯具绝缘导线产品出厂合格证。

（2）灯具安装工程预检、自检、互检记录。

（3）设计变更洽商记录，竣工图。

（4）电气照明器具及其配电箱（盘）安装分项工程质量检验评定记录。

（5）电气绝缘电阻测试记录。

习　题

1.〔初级〕高压设备倒闸操作，必须填写操作票，应由两人进行操作。

【答案】正确

2.〔初级〕高压验电必须戴绝缘手套。

【答案】正确

3.〔初级〕保护接零系统中，保护装置只是为了保障人身的安全。

【答案】错误

【解析】保护接地是保护人身安全的。

4.〔初级〕为了防止可以避免的触电事故，只需做好电气安全管理工作即可。

【答案】错误

【解析】必须做好安全防护措施。

5.带电作业不受天气条件限制。

【答案】错误

【解析】严禁带电作业。

6.〔初级〕胶盖闸刀开关能直接启动 12kW 电动机。

【答案】错误

【解析】胶盖闸刀开关不能直接带负荷启动。

7.〔初级〕几种线路同杆架设应取得有关部门的同意，其中电力线路在通信线路上方，而高压线路在低压线路上方。

【答案】正确

8.〔初级〕0.1 级仪表比 0.2 级仪表精度高。

【答案】正确

9.［初级］胶盖闸刀开关不能直接启动 12kW 电动机。

【答案】正确

10.［初级］800V 以上线路属高压线路。

【答案】错误

【解析】250V 以上称为高压线路。

（二）单选题

1.［初级］电工作业人员必须年满（　　）岁。

A. 15　　　　　B. 16　　　　　C. 17　　　　　D. 18

【答案】D

【解析】法律用工规定。

2.［初级］一般居民住宅、办公场所，若以防止触电为主要目的时，应选用漏电动作电流为（　　）mA 的漏电保护开关。

A. 6　　　　　B. 15　　　　　C. 30　　　　　D. 50

【答案】C

【解析】规范规定。

3.［中级］电气工作人员连续中断电气工作（　　）以上者，必须重新学习有关规程，经考试合格后方能恢复工作。

A. 三个月　　　B. 半年　　　C. 一年　　　D. 两年

【答案】A

【解析】规范规定。

4.［中级］我国标准规定工频安全电压有效值的限值为（　　）V。

A. 220　　　　B. 50　　　　C. 36　　　　D. 6

【答案】B

【解析】规范规定。

5.［中级］额定电压（　　）V 以上的电气装置都属于高压装置。

A. 36　　　　B. 220　　　　C. 380　　　　D. 1000

【答案】D

【解析】规范规定。

6.〔高级〕某直流电路电流为 1.5A，电阻为 4Ω，则电路电压为（　　）V。

A. 3　　　　　　B. 6　　　　　　C. 9　　　　　　D. 12

【答案】B

【解析】规范规定。

7.〔高级〕并联电路的总电容与各分电容的关系是（　　）。

A. 总电容大于分电容　　　　　B. 总电容等于分电容

C. 总电容小于分电容　　　　　D. 无关

【答案】A

【解析】规范规定。

8.〔高级〕应当按工作电流的（　　）倍左右选取电流表的量程。

A. 1　　　　　　B. 1.5　　　　　C. 2　　　　　　D. 2.5

【答案】B

【解析】规范规定。

9.〔中级〕用指针式万用表欧姆挡测试电容，如果电容是良好的，则当两支表笔连接电容时，其指针将（　　）。

A. 停留刻度尺左端

B. 迅速摆动到刻度尺右端

C. 迅速向右摆动，接着缓慢摆动回来

D. 缓慢向右摆动，接着迅速摆动回来

【答案】C

【解析】规范规定。

10.〔初级〕成套接地线应用有透明护套的多股软铜线组成，其截面不得小于（　　），同时应满足装设地点短路电流的要求。

A. 35mm^2　　　　B. 25mm^2　　　　C. 15mm^2　　　　D. 20mm^2

【答案】B

【解析】规范规定。

（三）多选题

1.［初级］用电设备是指将电能转化为（　　）的设备。

A. 动能　　　　　B. 光能　　　　　C. 热能

D. 机械能　　　　E. 其他

【答案】BCD

【解析】规范规定。

2.［初级］建筑电气工程中系统图用得很多，动力、照明、通信广播、电缆电视和（　　）等都要用到系统图。

A. 变配电装置　　B. 火灾报警　　　C. 防盗保安

D. 微机监控　　　E. 自动化仪表

【答案】ABCDE

【解析】设计规定。

3.［中级］对建筑装饰装修工程来说，主要以室内电气专业平面图为主，它分为（　　）等。

A. 平面图　　　　B. 动力照明平面图　　C. 变电所平面图

D. 防雷与接地平面图　　E. 弱电各专业平面图

【答案】ABCDE

【解析】设计要求。

4.［中级］从预算、决算取费上讲，材料分为：（　　）。

A. 主材　　　　　B. 人工　　　　　C. 措施费

D. 规费　　　　　E. 辅材

【答案】AE

【解析】取费规定。

5.［中级］公用建筑照明系统通电连续试运行时间应为（　　），民用住宅照明系统通电连续试运行时间应为（　　）。所有照明灯具均应开启，且每（　　）记录运行状态（　　）次，连续试运行时间内无故障。答案请选择正确选项排序填至此处（　　）。

A. 8h　　　　　　B. 1　　　　　　C. 24h

D. 2h　　　　　　E. 12h

【答案】CADB

【解析】操作规定。

6. [初级] 提示标识的含义是示意目标的方向。提示标识的几何图形是方形，（   ）背景，白色图形符号及文字。

A. 黄　　　　　B. 白　　　　　C. 绿

D. 红　　　　　E. 蓝

【答案】CD

【解析】标识规定。

7. [高级] 导线进场时要检验其（   ），并用卡尺检验导线直径是否符合国家标准。

A. 规格　　　　B. 出厂日期　　C. 型号

D. 外观质量　　E. 导线上的标识

【答案】ACDE

【解析】检验规定。

8. [高级] 下列哪项描述是错误的有（   ）。

A. 不同回路、不同电压和交流与直流的导线，不得穿入同一根管内

B. 电压为50V及以下的不同回路不可以同穿一根管内

C. 同类照明的几个回路，可穿于同一根管内，管内导线总数不应多于12根

D. 同一交流回路的导线必须穿于同一管内

E. 导线在管内不得有扭结，可以有接头，但必须做好保护措施

【答案】BCE

【解析】规范规定。

9. [高级] 电缆敷设严禁有（   ）等缺陷。

A. 绞拧　　　　　B. 铠装压扁　　C. 护层断裂

D. 表面严重划伤　E. 排列整齐

【答案】ABCD

【解析】规范规定。

10. [中级] 灯具安装的正确操作流程有（　　）。

A. 防爆措施　　　B. 组装灯具　　　C. 安装灯具

D. 检查灯具　　　E. 通电试运行

【答案】BCDE

【解析】规范规定。

11. [初级] 在什么情况下可以引起电器设备空间爆炸（　　）。

A. 空间潮湿　　　B. 设备短路　　　C. 遭受雷击

D. 绝缘被破坏　　E. 强行断电

【答案】BCD

【解析】规范规定。

12. [初级] PVC 电线管也是一种电线绝缘导管，分为普通型及阻燃型两种。普通型用于常用民用建筑的电气配管。阻燃型用于具有防火性能要求的（　　）等。

A. 智能化线路　　　　　　　B. 照明线路

C. 消防报警线路　　　　　　D. 弱电线路

E. 应急照明线路

【答案】CE

【解析】规范规定。

13. [初级] 产品进场时所有产品应有（　　），各种报验资质齐全有效。

A. 产品合格证　　　　　　　B. 3C 认证标识

C. 产品说明书　　　　　　　D. 产品生产日期

E. 外包装

【答案】AB

【解析】产品规定。

14. [初级] 数字万用表的电源开关可根据需要，分别置于（　　）状态。

A. POWER　　　B. COM　　　C. ON

D. OFF　　　　　E. MAX

【答案】CD

【解析】C、D 分别是开、关。

(四) 简答题

1. 〔初级〕怎样正确使用接地摇表?

答：测量前，首先将两根探测针分别插入地中接地极 E，电位探测针 P 和电流探测针 C 成一直线并相距 20m，P 插于 E 和 C 之间，然后用专用导线分别将 E、P、C 接到仪表的相应接线柱上。

测量时，先把仪表放到水平位置检查检流计的指针是否指在中心线上，否则可借助零位调整器，把指针调整到中心线，然后将仪表的"倍率标度"置于最大倍数，慢慢转动发电机的摇把，同时旋动"测量标度盘"使检流计指针平衡，当指针接近中心线时，加快发电机摇把的转速，达到 120r/min 以上，再调整"测量标度盘"使指针在中心线上，用"测量标度盘"的读数乘以"倍率标度"的倍数，即为所测量的电阻值。

2. 〔中级〕什么是继电保护装置的选择性?

答：保护装置的选择性由保护方案和整定计算所决定，当系统发生故障时，继电保护装置能迅速准确地将故障设备切除，使故障造成的危害及停电范围尽量减小，从而保证非故障设备继续正常运行，保护装置能满足上述要求，称为有选择性。

3. 〔高级〕什么叫正弦交流电? 为什么目前普遍应用正弦交流电?

答：正弦交流电是指电路中电流、电压及电势的大小和方向都随时间按正弦函数规律变化，这种随时间做周期性变化的电流称为交变电流，简称交流。

交流电可以通过变压器变换电压，在远距离输电时，通过升高电压以减少线路损耗，获得最佳经济效果。而当使用时，又可以通过降压变压器把高压变为低压，这既有利于安全，又能降低对设备的绝缘要求。此外交流电动机与直流电动机比较，具有造价低廉、维护简便等优点，所以交流电获得了广泛的应用。

4.〔初级〕使用测电笔的注意事项是?

答：① 使用前，必须在有电源处对验电器进行测试，以证明该验电器确实良好，方可使用。

② 验电时，应使验电器逐渐靠近被测物体，直至氖管发亮，不可直接接触被测体（主要考虑的是电压等级，如果清楚被测电源的电压等级，用同样电压等级的验电笔直接接触被测体即可）。

③ 验电时，手指必须触及笔尾的金属体，否则带电体也会误判为非带电体。

④ 验电时，要防止手指触及笔尖的金属部分，以免造成触电事故。

5.〔初级〕在火灾现场尚未停电时，应设法先切断电源，切断电源时应注意什么?

答：①火灾发生后，由于受潮或烟熏，有关设备绝缘能力降低，因此拉闸要用适当的绝缘工具，经防断电时触电。

②切断电源的地点要适当，防止切断电源后影响扑救工作进行。

③剪断电线时，不同相电线应在不同部位剪断，以免造成短路，剪断空中电线时，剪断位置应选择在电源方向的支持物上，以防电线剪断后落下来造成短路或触电伤人事故。

④如果线路上带有负荷，应先切除负荷，再切断灭火现场电源。在拉开闸刀开关切断电源时，使用绝缘棒或戴绝缘手套操作，以防触电。

参 考 文 献

[1] 住房和城乡建设部，国家质量监督检验检疫总局.建筑给水排水设计规范 GB 50015—2003 [S].北京：中国计划出版社，2010.

[2] 住房和城乡建设部.低压配电设计规范 GB 50054—2011 [S].北京：中国计划出版社，2012.

[3] 住房和城乡建设部.建筑施工安全技术统一规范 GB 50870—2013 [S].北京：中国计划出版社，2014.

[4] 住房和城乡建设部.建筑电气施工质量验收规范 GB 50303—2015 [S].北京：中国建筑工业出版社，2016.

[5] 住房和城乡建设部，国家质量监督检验检疫总局.建筑给水排水制图标准 GB/T 50106—2010 [S].北京：中国建筑工业出版社，2011.

[6] 住房和城乡建设部.民用建筑电气设计规范 JGJ 16—2008 [S].北京：中国建筑工业出版社，2008.

[7] 住房和城乡建设部.建筑工程施工职业技能标准 JGJ/T 314—2016 [S].北京：中国建筑工业出版社，2016.

[8] 住房和城乡建设部.建筑装饰装修职业技能标准 JGJ/T 315—2016 [S].北京：中国建筑工业出版社，2016.

[9] 住房和城乡建设部.建筑工程安装职业技能标准 JGJ/T 306—2016 [S].北京：中国建筑工业出版社，2016.